Ann M. Castro

Die Vogelschule

Mehr Clickertraining für Papageien, Sittiche und andere Vögel

Band II

Foto: Heike Möller
Purzel lässt sich voller Vertrauen seinen Flügel von Heike behandeln.

Leserstimmen zu Band II

„Ein Muss für alle Vogelliebhaber, ein „must have“ für jeden, der Teil 1 Die Vogelschule. Clickertraining für Papageien, Sittiche und andere Vögel von Ann Castro vorliegen hat! Zudem garantieren die Bücher einen riesigen Spass, einen imensen Erfolg in der Umsetzung und in der Zusammenführung beider, von Tier und Mensch! Das Clickertraining nach Anleitung von Ann Castro hat meine Erwartungen bei weitem übertroffen :-)“

J.D.

„Dieses Buch ist der MUSS man einfach als Vogelhalter haben, es sind soviele nützliche Tricks enthalten auf die man ohne vielleicht gar nicht drauf kommen würde.wie zum Beispiel das aus der spritze trinken (ich weiß haben hier schon viele erwähnt aber...)hätte ich dieses Buch schon früher gehabt hätte ich mir mit meiner grauen Henne einiges ersparen können, da ich sie eine zeitlang täglich 2x einfangen musste um ihr Medikamente einzugeben und sie mich danach noch wochenlang angegriffen hat sobald ich ihr zu nah kam.

Zudem sind da auch tips drin wie man zum Beispiel das Apportieren beibringen kann (wo mein grauer Hahn eine riesige freude dran hat)

also um es kurz zu sagen, es ist ein geniales Buch, es wird alles schritt für schritt erklärt und einffach ein MUSS!“

G.N.

„Genau wie das erste Buch zum Clickertraining mit Vögeln ist auch dieses sehr gelungen, so dass es nie langweilig mit den gefiederten Freunden wird. Und auch die Vögel können ihre Intelligenz unter Beweis stellen.

Klar gegliedert und schön bebildert, kann jeder mit seinen Vögeln und ein bißchen Geduld die Übungen lernen. Und ganz nebenbei wird auch das Verhältnis zwischen Tier und Halter auf eine ganz neue Vertrauensbasis gestellt.

Sie werden begeistert sein!“

D.M.

„Ja dieses Buch ist wirklich gaaaaaanz toll!

Die Aufmachung ist sehr übersichtlich, die Beiträge wunderbar erklärt, gut verständlich und mit den vielen Bildern kann man nichts mehr falsch machen.“

P.N.

„Dieses Buch ist ein Muss. Natürlich kann man den Vögeln auch vieles ohne Clickern beibringen, der Vorteil aber ist, dass es den Vögeln so viel mehr Spaß macht und sich der Lernerfolg wesentlich eher einstellt, als mit herkömmlichen Methoden wie zum Beispiel Futter entziehen und als Lockmittel benutzen. Das Buch ist klar gegliedert, verständlich und sehr informativ. Ich habe vorher gar nicht gewusst, was man Vögeln so alles beibringen kann und - es klappt. Meine sind ganz wild auf Clickern.“

M.R.

„Wie schon bei Band I des Clickertrainings ist Ann Castro auch hier wieder ein super Ratgeber gelungen! Als Vogelbesitzer kommt man an ihr und ihren Büchern einfach nicht vorbei, wenn man die Tiere artgerecht beschäftigen und halten möchte.

Durch die Übungen, die sehr gut beschrieben sind, wird das Zusammenleben mit den Gefiederten spannend und unterhaltsam."
B.G.

„Wir sind wirklich sehr dankbar und froh dass es die Bücher von Ann Castro gibt ! Sehr gut beschrieben, mit Schritt für Schritt Anleitungen. Wir können das nur jedem empfehlen ! Super ! Danke."
R.D.

„Klare Kaufempfehlung! Das Buch setzt da an, wo ich mich in meinem Training schon befinde und wiederholt auch die Grundlagen des Clickertrainings. Es gibt so viele sehr nützliche Hinweise und Übersichten. Für Vogelliebhaber und -Besitzer eine Gute Wahl."
C.K.

„Was soll ich sagen, Band II ist genauso gut , wenn nicht besser als Band I!!! Der Vogel ist beschäftigt und lernt dabei und dem Menschen macht es auch großen Spaß!!!"

M.W.

„Auch dieses Buch hat mich wieder total begeistert. Tolle Aufmachung und vor allem der Inhalt wieder super erklärt mit Bildern und auch für den Laien total verständlich. Auch dieses Buch ist für einen Vogelhalter eigentlich ein MUSS."
P.W.

„Von Kapitel zu Kapitel lernt man auf einfache und verständliche Weise verschiedene Übungen. Wer die Autorin bereits kennt, weiss, dass sie durch ihr Leben und ihre Erfahrungen mit Papageien der absolute Geheimtipp in dieser Rubrik ist. "
H.R.

„Auch das zweite Buch von Ann Castro ist wieder ein voller Erfolg für mich. Mit noch mehr Clickertraining wird es bei uns zu Hause nicht langweilig. Sehr hilfreich, informativ und vor allem auch umsetzbar!"
T.K.

„Ja dieses Buch ist wirklich gaaaaaanz toll!

Die Aufmachung ist sehr übersichtlich, die Beiträge wunderbar erklärt, gut verständlich und mit den vielen Bildern kann man nichts mehr falsch machen. Ich habe das 1.Buch und Gestern erst dieses hier erhalten. Hab gleich begonnen mit dem neuen Training.
Ja Ann Castro weiss wirklich was Papageien und andere Vögel brauchen!"
P.B.

„Ich habe mir dieses Buch zu gelegt, da ich vom ersten Buch begeistert war und wurde nicht enttäuscht, leider bin ich mit meinen Wellis noch nicht so weit, dass ich die Übungen aus diesem Buch schon ausprobieren könnte aber ich kann es kaum erwarten.
In diesem Buch werden für den Alltag nützliche Dinge erklärt zum Beispiel das aus einer Spritze getrunken wird oder der Gang in die Transport-Box geübt wird. Man sollte sich aber erst den Vorgänger „Clickertraining für Papageien, Sittiche und andere Vögel" anschaffen, da der zweite Band auf dem ersten aufbaut. Auch dieses Buch ist verständlich erklärt und man würde am liebsten sofort losclickern. :)"
Y.S.

Ann M. Castro

Die Vogelschule

Mehr Clickertraining für Papageien, Sittiche und andere Vögel

Band II

Die Vogelschule

Mit 262 Farbaufnahmen. Die Bilder in diesem Buch wurden mit ganz normalen Tieren von deren ganz normalen Haltern gemacht. Wir haben keine Profitiere und -trainer für die Fotos verwendet, da wir illustrieren möchten, dass diese Übungen wirklich für „Jedermensch" und „Jedervogel" machbar sind. Die Bilder wurden zu Hause von unseren Forenmitgliedern mit ihren eigenen Vögeln gemacht. Deshalb sind die abgebildeten Fotos qualitativ sicherlich nicht perfekt, zeigen dafür aber besonders schön, wie wunderbar Mensch und Tier zusammenarbeiten können.

Die Deutsche Bibliothek verzeichnet diese Publikation in der Deutschen Nationalbibliografie; detaillierte bibliografische Daten sind im Internet über http://dnb.ddb.de abrufbar.

Die Vogelschule: Clickertraining für Papageien, Sittiche und andere Vögel / Ann M. Castro. 3. Auflage

www.dievogelschule.com

Layout und Bildbearbeitung: Ann M. Castro
Lektorat: Thilo Hagen

Druck: Customized Business Services GmbH, Ferdinand-Jühlke-Straße 7, 99095 Erfurt

ISBN 978-3-939770-06-0

Danksagung

Ein dickes Dankeschön verdienen die Mitglieder der Vogelschule (www.dievogelschule.com), die ein wunderbares Lernumfeld schaffen und immer füreinander da sind. Wie eine richtige Familie spornen sie sich gegenseitig an, machen Mut, freuen sich füreinander, spenden Trost und springen nicht nur virtuell ein, wenn Not am Mann ist.

Ein ganz besonderer Dank gebührt den Teilnehmern und ihren gefiederten Mitbewohnern sowie deren Freunden und Verwandten, die an diesem Buchprojekt mitgearbeitet haben:

- Jens Bitterlich, Kai Schäfer und Stoyan Yankov mit Heidi und Otto
- Sven Friesicke
- Thilo Hagen und Ralf Müller mit Romeo, Julia, Cäsar und Cleo
- Kirsten und Jürgen Helfer mit Bienie, Carlchen, Jule und Krümel
- Barbara Klappert mit Kucki
- Silke Klingenberg und Tobias Senkel mit Artemis, Flip und Rocky
- Heike Möller mit Purzel und Knuffel
- Kerstin Neusel mit Fin und Nic
- Sigrid und Ron Rhodes mit Snoopy und Tweety
- Steffi und Andy Roth mit Igor und Silvana
- Christina Rützel und Martin Geörg mit Luke
- Lena Schenk, Vera und Patrick Llorente mit Pepe, Fino, Sherry, Lucio, Luna, Emma und der Hühnerschar
- Christine Schlick mit Theo und Tristan
- Daniela Stöcker und Andreas Hennenlotter mit Whitchel und Flips

Eure Freude, Euer Eifer und Einsatz beim Training und Bilder machen gingen weit über das hinaus, was ich erwartet hatte. Sie waren richtig ansteckend und haben dieses Projekt zu etwas ganz Besonderem gemacht. Vielen Dank dafür!
Von ganzem Herzen möchte ich meinen guten Freunden Anke, Lena und Monika danken, die immer für mich da sind, egal, wie verrückt das Leben gerade mal wieder ist.

Zu guter Letzt möchte ich mich auch ganz besonders herzlich bei meinen Leserinnen und Lesern bedanken, welche auch dieses Buch zu solch einem überwältigenden Erfolg gemacht haben.

Inhalt

Foto: Lena Schenk

Luna hat spielerisch erlernt, vom Löffel zu essen.

1. Vorwort

Nach dem Erfolg meines Einführungsbuchs zum Clickertraining werde ich immer wieder von begeisterten Haltern angesprochen, was sie denn noch mit ihren Vögeln üben können.

Andere Halter benötigen Übungen, die das tägliche Miteinander einfacher machen. So kommen manche Papageien kaum aus dem Käfig, weil die Halter Angst haben, sie nicht wieder rechtzeitig hineinzubekommen. Andere Papageien werden nicht zu dringend notwendigen Tierarztterminen gebracht, weil ihre Halter die Tiere nicht in ihre Transportboxen bekommen oder Angst haben, dass ihre Vögel durch den Stress des Fangens und Transportierens Schaden nehmen könnten. Selbst einfachste Pflegemaßnahmen werden oft nicht durchgeführt, da die Besitzer nicht wissen, wie sie es anstellen sollen. So wird das gemeinsame Leben, das eigentlich beiden Parteien Spaß machen sollte, zur Qual, anstatt eine Bereicherung zu sein. Dies muss und soll so nicht sein. Deshalb beschloss ich, dass es an der Zeit ist, ein weiteres Buch zum Thema Training zu schreiben. Ein Buch in dem die Übungen, die Sie im ersten Buch gelernt haben, weiter ausgebaut werden. Ein Buch mit Übungen, die Spaß machen, aber auch sinnvoll sind. Ein Buch, das Ihnen und Ihren Vögeln hilft, wichtige Übungen für das tagtägliche Miteinander spielend zu erlernen, während Sie die Beziehung zwischeneinander weiter vertiefen.

Ich hoffe und wünsche, dass mit Hilfe dieses Buches das Zusammenleben für Sie und Ihre Vögel noch besser und schöner wird.

Viel Spaß beim Lesen und Üben,
Ihre
Ann Castro.

Auch tierfreundliche Naturbruten ...

... werden superzahm und sind weniger problematisch als die tierschutzrelevanten Handaufzuchten.

2. Einleitung

In meinem Einführungsbuch zum Clickertraining haben Sie und Ihre Vögel gelernt, wie Clickertraining funktioniert.

Anhand von verschiedenen Basisübungen haben Sie die unterschiedlichen Trainingswerkzeuge und -methoden erlernt und fühlen sich vertraut mit ihnen. In diesem Buch gehen wir gemeinsam den nächsten Schritt. Wir lernen, das Gelernte in verschiedensten Übungen anzuwenden. Dabei steht das tägliche Miteinander zwischen Ihnen und Ihren Vögeln im Vordergrund.

Nachdem Sie dieses Buch durchgearbeitet haben, sollten Sie in der Lage sein, alle Probleme des Alltags – inklusive Notfallbehandlungen und Krankenpflege – lösen zu können. Wir fangen damit an, Verhaltensweisen beizubringen, die einfach angenehm sind, wenn Ihre Vögel sie beherrschen wie zum Beispiel auf ihren Namen zu reagieren, in den Käfig oder auf ihren Platz zu gehen und dort zu bleiben.

Danach befassen wir uns mit Übungen, die zunächst zum Spaß gedacht sind, aber zu Übungen ausgebaut werden können, die der Gesundheit, der Pflege und der Betreuung im Krankheitsfall der Tiere behilflich sind. Dazu gehören zum Beispiel der Gang in die Transportbox, aus einer Spritze trinken, Krallen schleifen, Füßchen verbinden, Flügel heben und untersuchen lassen und der Kappengriff. Aber auch Apportieren, Gegenstände suchen und Fangen spielen stehen auf dem Programm, damit Ihre Vögel geistig und körperlich fit werden und bleiben.

Die meisten Übungen dieses Buches setzen voraus, dass Sie Band I bereits gelesen und mit Ihren Papageien durchgearbeitet haben. Falls nicht, sollten Sie dies unbedingt nachholen, bevor Sie mit den Übungen in diesem Buch beginnen. Sonst werden Sie Einiges in diesem Buch nicht verstehen, und die Übungen werden für Sie und Ihre

Flip liebt es, sich in die Hand zu kuscheln – ein wunderschöner Vertrauensbeweis.

Vögel frustrierend sein. Dies vorausgestellt, ist es unerheblich, mit welchen Übungen Sie anfangen möchten zu üben. Beginnen Sie einfach mit dem Verhalten, auf das Sie am meisten Lust haben oder wofür für Sie die größte Dringlichkeit besteht. Denken Sie daran, dass Sie und Ihr Vogel bei allen Übungen Spaß haben sollten, unabhängig davon, wie ernst der Hintergrund auch sein mag. Gehen Sie bei jeder Übung langsam und einfühlsam vor und honorieren Sie die Anstrengungen Ihres Vogels. So werden Sie einen begeisterten Schüler haben, der jede Übung freudig mitmacht. Und nun wünsche ich Ihnen viel Spaß und Erfolg beim Training, und dass Sie und Ihre Vögel noch bessere Freunde werden.

3. Namen lernen

Wenn Sie als guter Papageienhalter mindestens zwei Papageien haben, dann kennen Sie sicherlich das Problem, dass Sie einem Ihrer Tiere etwas mitteilen möchten, aber nicht dem oder den anderen.

Im Idealfall sollten Sie in der Lage sein, jedes beliebige Kommando auf nur einen Ihrer Vögel anzuwenden. Wenn zum Beispiel alle Tiere lieb mit ihren Spielzeugen spielen und nur eines meint, dem Elektrokabel den Garaus machen zu müssen, ist es doch unfair, wenn Sie das „Weg davon"-Kommando aus Band I anwenden und alle Tiere in ihren Tätigkeiten unterbrochen werden, also auch die, die nichts Falsches gemacht haben. Sinnvoller ist es, wenn Sie stattdessen gezielt einzelne Tiere ansprechen können. Wenn Sie zum Beispiel sagen: „Scarlett, weg davon", sollte nur Scarlett, also das Tier, das gemeint ist, auf das Kommando reagieren und seine Tätigkeit unterbrechen. Um dies zu ermöglichen, müssen wir unseren Vögeln beibringen, ihre Namen zu erkennen und auch auf sie zu hören. So können Sie Kommandos gezielt für einzelne Tiere einsetzen.

Trainingsziel

Ihr Papagei reagiert auf seinen Namen und schenkt Ihnen seine Aufmerksamkeit.

Trainingsmethode

Shaping

Übungsaufbau

Ihr Vogel sollte mit irgendetwas beschäftigt sein. Natürlich sollte dies eine erlaubte Tätigkeit sein, die Sie nicht unterbrechen müssen. Sie wollen schließlich in der Lage

Snoopy hat ganz offensichtlich Besseres zu tun, als auf ihr Frauchen Sigrid zu achten.

Die kleinste Bewegung zu Sigrid hin wird geclickt und belohnt …

sein, in Ruhe abwarten zu können, bis Ihr Papagei sich von selbst von seiner Beschäftigung abwendet.

Vorgehensweise

Schritt 1. Das Verhalten erwischen

Beobachten Sie Ihren Vogel, während er anderweitig beschäftigt ist. Warten Sie, bis er sich auch nur geringfügig zu Ihnen hinwendet. Dies clicken und belohnen Sie. Als Hinwendung gelten hierbei die minimalsten Bewegungen zu Ihnen hin, zum Beispiel wenn er seine bisherige Tätigkeit unterbricht, den Kopf ein wenig hebt oder wendet. Anschließend lassen Sie Ihren Vogel wieder seine Tätigkeit aufnehmen. Warten Sie wieder und verstärken Sie Ihren Vogel erneut, wenn er sich Ihnen in irgendeiner Weise zuwendet. Wiederholen und belohnen Sie diesen Schritt so oft, bis Ihr Vogel seine Tätigkeit deutlich häufiger unterbricht als vorher.

Schritt 2. Das Verhalten ausformen

Als Nächstes verzögern Sie den Click ein wenig. Aufgrund des Extinktionsausbruchs wird Ihr Vogel sich nun deutlicher als zuvor von seiner Tätigkeit abwenden. Clicken und belohnen Sie dies. Von nun an verstärken Sie nur noch das ausgeprägtere Verhalten, bis es zuverlässig gezeigt wird. Dann verzögern Sie wieder den Click ein wenig, um das

... bis sie ganz zu Sigrid hinschaut ...

... und ihr ihre volle Aufmerksamkeit gibt ...
(Tweety ist die Übung offensichtlich völlig egal)

Verhalten noch stärker auszuformen. Auch dies clicken und belohnen Sie und verstärken fortan nur noch dieses ausgeprägtere Verhalten. So bauen Sie die Hinwendung zu Ihnen immer weiter aus, bis Ihr Vogel ganz zu Ihnen hinschaut oder sich sogar zu Ihnen herumdreht. Wenn er das Verhalten zeigt, mit dem Sie zufrieden sind, sollten Sie ihn üppig mit einem Jackpot belohnen. Üben Sie dies so oft, bis Ihr Vogel zuverlässig zu Ihnen hinschaut.

Schritt 3. Der Name wird hinzugefügt

Wenn Ihr Vogel zuverlässig zu Ihnen hinschaut, können Sie seinen Namen hinzufügen. Dies geschieht genauso wie das Hinzufügen von Kommandos zu erlernten Übungen. Gewissermaßen ist ein Name ja auch ein Kommando. Nämlich das Kommando, darauf achtzugeben, was derjenige sagt, der den Namen ruft. Wie beim Einüben von Kommandos fangen Sie also damit an, den Namen Ihres Vogels in dem Moment, in dem er zu Ihnen hinschaut, auszusprechen. So gewährleisten Sie, dass er auch tatsächlich zu Ihnen hinblickt und das Kommando nicht durch die falsche Anwendung verwässert wird. Üben Sie dies gründlich.

Anschließend üben Sie durch immer wieder verstärkte Wiederholungen, den Namen in kleinen Schritten immer wieder ein bisschen früher zu sprechen, bis Sie den Namen als Aufforderung einsetzen können, sodass Ihr Vogel zu Ihnen hinschaut, wenn Sie seinen Namen sprechen.

Foto: Jens Bitterlich

Otto ist sehr beschäftigt ...

Foto: Jens Bitterlich

... wendet sich ein wenig Jens zu ...

... volle Aufmerksamkeit ...

... und Belohnung

Schritt 4. Transferübungen

Üben Sie mit Ihrem Vogel in den unterschiedlichsten Situationen und mit zunehmendem Schwierigkeitsgrad, auf seinen Namen zu hören. Bitte achten Sie darauf, seinen Namen nicht nur in unangenehmen Situationen zu verwenden wie in „Jackie, lass das", sondern insbesondere auch in positiven Situationen wie zum Beispiel „Jackie, möchtest Du einen Leckerbissen?". Sein Name sollte für Ihr Tier etwas Positives sein, damit er immer freudig zu Ihnen hinblickt, wenn Sie ihn rufen.

Schritt 5. Namen und Befehl kombinieren

Wenn Ihr Vogel gelernt hat, bei Nennung seines Namens zu Ihnen zu blicken, können Sie anfangen, seinen Namen mit Befehlen zu kombinieren, zum Beispiel „Flores, komm!". Es ist wichtig, dass Sie sich entscheiden, was Sie Ihren Vögeln genau beibringen wollen,

Foto: Steffi Roth/Andy Roth

Auch Steffis Igor hört sofort auf seinen Namen.

damit sie nicht verwirrt und frustriert werden. Wollen Sie ihnen beibringen, dass sie nur dann auf einen Befehl hören, wenn Sie ihren Namen vorher rufen? Der einzelne Vogel wird dann auf Befehle ohne seinen Namen gar nicht mehr reagieren. Oder soll er auf Beides hören, sodass der Name mehr wie „Hab acht" vor dem eigentlichen Befehl eingesetzt wird?

Für beides gibt es Vor- und Nachteile. Gerade bei einer Gruppenhaltung ist es praktisch, wenn Ihr ganzer Schwarm auf einen bestimmten Befehl reagiert, statt dass Sie den Befehl mit Namen für jeden einzelnen Vogel wiederholen müssen. Andererseits kann es auch lästig sein, wenn Sie rufen und alle reagieren. Entscheiden Sie, was Sie möchten, und seien Sie dann wirklich konsequent in dem, was Sie belohnen. Soll Ihr Papagei zum Beispiel nur auf Befehle mit Namen reagieren, so dürfen Sie nur diese verstärken. Sonst werden Sie Ihre Tiere verwirren.

4. Auf deinen Platz

Das „Auf deinen Platz"-Kommando ist eines meiner Lieblingskommandos.

Es ist in den verschiedensten Situationen einfach so nützlich, wenn Ihre Vögel dieses Kommando beherrschen. Beim Training mit mehreren Vögeln kann man ihnen, zum Beispiel in Kombination mit dem „Sitzen bleiben"-Kommando, beibringen, einander nicht in die Quere zu kommen. Selbstverständlich hilft es auch, Streithähne zu trennen und getrennt zu halten sowie bestimmte Bereiche, die als Sitzplatz im täglichen Zusammenleben für Ihre Tiere sicher und somit erwünscht sind, festzulegen. Auch wenn man Besucher hat, die sich mit Papageien nicht so wohlfühlen, hilft es, die Tiere zum Beispiel auf ihren Spielplatz zu schicken, sodass der Besuch nicht belästigt wird.

Das „Auf deinen Platz"-Kommando ist eine fortgeschrittene Variante des „Ab"-Kommandos aus Band I. Während das „Ab"-Kommando sich auf jeden Platz bezieht, vor den Sie Ihren Vogel halten und auf den er steigen soll, bezieht sich das „Auf deinen Platz"-Kommando auf einen einzigen, von Ihnen definierten Platz, zu dem Ihr Vogel sich begeben soll. Dies hat den Vorteil, dass Sie Ihre Papageien mit ein bisschen Übung auch quer durch den Raum auf ihre Plätze schicken können, anstatt sie dorthin bringen zu müssen. Natürlich sollte dieser Ort für Ihre Vögel so attraktiv wie möglich eingerichtet sein, sodass sie gerne dorthin gehen und auch einige Zeit dort verbringen, anstatt gelangweilt wieder wegzufliegen. „Sein Platz" sollte zum Lieblingsaufenthaltsort Ihres Vogels werden, weil dort immer interessante Spielzeuge, Überraschungen und Leckerlis auf ihn warten. Wenn Ihre Vögel gut miteinander zurechtkommen, sollten Sie denselben Ort als ihren „Platz" bestimmen. Gibt es Streithähne, ist es besser, wenn Sie unterschiedliche Plätze als Aufenthaltsorte festlegen.

Auf solch einem interessanten Platz verweilen Sherry, Fino und Pepe gerne.

Beim Training mit mehreren Vögeln ist es enorm hilfreich, wenn jeder seinen Platz kennt und dort darauf wartet, bis er dran ist, wie hier Snoopy, die zuschaut, während Tweety in den Targetstick zwickt …

…und umgekehrt.

Trainingsziel

Ihr Papagei begibt sich auf Kommando zu einem ausgewählten Platz.

Trainingsmethode

Shaping und Targetstick

Übungsaufbau

Sie benötigen eine Sitzgelegenheit, auf der Ihr Vogel sich wohlfühlt und geschützt ist, sodass er an sich kein Problem damit hat, dorthin zu gehen und sich auch längere Zeit dort aufzuhalten. Dieser Sitzplatz sollte mit allem ausgestattet sein, was Ihr Papagei für einen kleinen Aufenthalt benötigt: Leckerbissen, Wasser und Spielzeug.

Vorgehensweise

Schritt 1. „Platz" festlegen

Ihr Vogel sollte sich in unmittelbarer Nähe zu „seinem Platz" befinden. Sie können ihn zum Beispiel auf Ihrer Hand vor den Platz halten, so wie Sie es vom Einüben des „Ab"-

Foto: Jens Bitterlich/Stoyan Yankov

Schritt 1. Platz festlegen: Heidis Platz.

Kommandos in Band I bereits kennen. Ihr Ziel ist es, dass Ihr Vogel auf „seinen Platz“ geht. Dabei dürfen Sie allerdings nicht das „Ab“-Kommando benutzen, denn Sie wollen ja „seinen Platz“ mit einem besonderen Kommando verknüpfen. Der Vogel muss also den Unterschied zwischen „Ab“ und „Auf deinen Platz“ lernen, wobei zunächst einmal der Ablauf der gleiche ist. Vögel, die das „Ab“-Kommando kennen, werden in der Regel von sich aus zügig auf einen Sitzplatz steigen, wenn sie dicht davor gehalten werden. In dem Moment, in dem Ihr Vogel auf „seinen Platz“ steigt, sagen Sie dazu Ihr Kommando, zum Beispiel „Auf deinen Platz“, mit einer freundlichen, aufmunternden Stimme. Sobald er auf seinem Platz sitzt, wird Ihr Vogel geclickt und üppig belohnt. Natürlich ist es keine schwere Übung.

Warum also üppig belohnen, mögen Sie sich wundern. Das besonders üppige Belohnen, wenn der Vogel auf „seinen Platz“ geht, hat zwei Gründe: Zum einen merkt er so, dass „sein Platz“ etwas ganz Besonderes ist. Zum anderen wird „sein Platz“ dadurch interessanter als andere mögliche Sitzplätze, schließlich lohnt es sich mehr für ihn, dort anstatt woanders hinzugehen.

„Sein Platz“ soll für Ihren Vogel ein besonderer Ort sein, zu dem er freudig hingeht und an dem er gerne bleibt.

Schritt 2. Abstand vergrößern: In Minischritten wird der Abstand zu Heidis Platz immer größer.

Schritt 2. Abstand vergrößern: In Minischritten wird der Abstand zu Heidis Platz immer größer ...

Schritt 2. Abstand vergrößern: ... Flug

Schritt 2. Abstand vergrößern: ... Landeanflug ...

Schritt 2. Abstand vergrößern: ... Landung

Schritt 2. Abstand vergrößern

Allmählich können Sie nun den Abstand Ihres Vogels zu seinem Platz vergrößern. Falls Sie aus räumlichen Gründen Schwierigkeiten haben, graduelle Abstandvergrößerungen durchzuführen, können Sie ihn mit dem Targetstick locken. Generell ist es aber besser, wenn Ihr Vogel die Übung durch Shaping lernt, da diese Methode unabhängig von Ihrem Standort ist. Wenden Sie den Targetstick an, müssen Sie sich in der Nähe „seines Platzes" aufhalten, können also nur geringe Entfernungen üben. Das Ziel ist es jedoch, Ihren Vogel durch ein verbales Kommando auf „seinen Platz" zu schicken, selbst wenn Sie gerade bequem auf dem Sofa liegen oder Gäste begrüßen. Sie können also mit dem Targetstick lediglich geringe Entfernungen üben, bis sie hundertprozentig sitzen. Anschließend müssen Sie Shaping anwenden, damit Sie die Transferübungen richtig trainieren können.

Schritt 3. Transferübungen

Sitzt die „Auf deinen Platz"-Übung auf einer geraden Strecke mit einigem Abstand, können Sie anfangen, den Schwierigkeitsgrad durch Transferübungen zu erhöhen. So könnten Sie sich zum Beispiel etwas seitlich von „seinem Platz" hinstellen, sodass Ihr

Foto: Jens Bitterlich/Stoyan Yankov

Schritt 2. Abstand vergrößern: Schnell hat Heidi gelernt, mehrere Meter zu ihrem Platz zu fliegen.

Schritt 2. Abstand vergrößern: Zielstrebig fliegt Heidi zu ihrem Platz ...

Schritt 2. Abstand vergrößern: ... und Landung.

Schritt 3. Transferübungen: Jens kann entspannt auf seinem Sofa sitzen bleiben, während er Heidi auf ihren Platz schickt.

Schritt 3. Transferübungen: ... Flug ...

Schritt 3. Transferübungen: ... und Landung.

Vogel einen Bogen fliegen muss, um zu „seinem Platz“ zu gelangen. Oder setzen Sie sich auf den Boden, sodass Ihr Vogel hochfliegen muss, um zu „seinem Platz“ zu gelangen. Üben Sie nicht nur das Losfliegen von Ihrer Hand, sondern auch von Ihrer Schulter. Wenn Sie diese Transferübung richtig geübt haben, sollte Ihr Vogel auf Ihr Kommando auf „seinen Platz“ fliegen, unabhängig davon, wo Sie sich mit ihm gerade befinden. Denken Sie dabei stets daran, es für Ihren Vogel richtig interessant zu machen. Sie sollten ihn nicht auf seinen Platz schicken und ihn dann ignorieren, während Sie Ihren Tätigkeiten nachgehen. Stattdessen sollten Sie ihn immer loben und gelegentlich auch belohnen. Dies gilt für das „Auf deinen Platz“-Fliegen genauso wie für das artige dort verweilen. Ein Jackpot gehört hin und wieder natürlich auch dazu.

Schritt 4. Noch mehr Transferübungen

Wenn Ihr Vogel von Ihnen aus wirklich zuverlässig auf „seinen Platz“ fliegt, sollten Sie ihm als Nächstes beibringen, von anderen Sitzplätzen aus auf „seinen Platz“ zu fliegen. Wie immer fangen Sie mit sehr kleinen Abständen an und vergrößern diese, bis er am Schluss zuverlässig sogar von einem anderen Zimmer aus auf „seinen Platz“ fliegt. Sie lernen also die Übung quasi im Schnelldurchlauf erneut.

Auf deinen Platz: Rocky in Perfektion: „Wohin?“

Auf deinen Platz: Rocky in Perfektion: „Auf geht's!“

Auf deinen Platz: Rocky in Perfektion: „Fast da!“

Auf deinen Platz: Rocky in Perfektion: „uuund Landung!“

Foto: Silke Klingenberg/Tobias Senkel

Auf deinen Platz: Rocky in Perfektion: „War ich klasse oder was?“

Foto: Silke Klingenberg/Tobias Senkel

Auch Artemis fliegt brav auf seinen Platz.

5. Bleib

Das „Bleib"-Kommando hat viele nützliche Anwendungen. Es hilft nicht nur beim Training mit mehreren Tieren, sondern auch beim Umgang mit aggressiven Tieren und in vielen Alltagssituationen.

Moderne Papageienhalter legen Wert auf eine artgerechte Haltung und besitzen deshalb in der Regel mindestens ein Paar einer Papageienart. So lobenswert und schön dies für die Vögel ist, kann es doch das Training ein wenig chaotisch machen. Dem ist aber durch das „Bleib"-Kommando leicht Abhilfe zu schaffen.

Durch dieses Kommando lernen Ihre Tiere, brav auf ihrem Platz sitzen zu bleiben. Dadurch wird das Durcheinander im Training erheblich reduziert, und die verschiedenen Tiere kommen einander nicht ständig in die Quere. Doch es gibt auch andere nützliche Anwendungen des „Bleib"-Kommandos.

Beim Training mit aggressiven Tieren kann es helfen, zwei Streithähne voneinander fernzuhalten, bis man ihnen beigebracht hat, einander zu tolerieren. Bei aggressiven Vögeln kann das „Bleib"-Kommando dazu dienen, ihnen das Sitzen auf der Schulter abzugewöhnen. Dies sollten Sie aus Sicherheitsgründen nur hundertprozentig zuverlässigen Tieren gestatten. Zu schnell können mit den scharfen und kräftigen Schnäbeln

ACHTUNG:

Das „Bleib"-Kommando gehört zu den sogenannten passiven Übungen. Diese fallen vielen Papageien aufgrund ihrer Lebhaftigkeit und Neugier sehr viel schwerer als aktive Übungen. Deshalb sollten Sie die Trainingszeiten besonders kurz wählen und mit viel Geduld vorgehen.

schwere Verletzungen im Gesichtsbereich angerichtet werden. Ein solches Risiko sollten Sie auf keinen Fall eingehen. Sie verhindern das Hochlaufen von möglicherweise beißenden Papageien zu Ihrer Schulter, indem Sie ihnen mit dem „Bleib"-Kommando beibringen, auf der Hand sitzen zu bleiben. Im Alltag erlaubt Ihnen das „Bleib"-Kommando, Ihre Vögel außerhalb ihres Käfigs bei sich zu haben, aber sie so weit zu kontrollieren, dass die Tiere nicht ständig überall dort herumturnen, wo sie sich selbst – und Ihrer Einrichtung – Schaden zufügen könnten.

Trainingsziel

Ihr Papagei bleibt auf einem ausgewählten Platz sitzen.

Trainingsmethode

Shaping

Voraussetzungen

Ihr Vogel sollte kein Anfänger im Clickertraining sein.

Übungsaufbau

Sie benötigen eine Sitzgelegenheit, auf der Ihr Vogel sich wohlfühlt, sodass er dort gerne auch längere Zeit verweilt.

Vorgehensweise

Schritt 1. Das Verhalten verstärken

Setzen Sie Ihren Vogel auf den gewählten Sitzplatz. Dies clicken und belohnen Sie. Beobachten Sie Ihren Vogel. Sobald er sein Leckerli gefressen hat, clicken Sie ihn sofort wieder und belohnen ihn. Die Abfolge von Click und Belohnung muss rasch aufeinander erfolgen, sodass Sie die Aufmerksamkeit Ihres Vogels gefesselt halten und er gar nicht auf die Idee kommt, seinen Platz zu verlassen.

Schritt 2. Das Verhalten herausarbeiten

Dann verzögern Sie die Zeit zwischen zwei Clicks und Belohnungen ein wenig. Ihr Papagei wird also für längeres Sitzenbleiben belohnt. Achten Sie darauf, dass Sie wirklich nur ruhiges Sitzenbleiben verstärken. Wird Ihr Vogel unruhig, haben Sie den Zeitabstand zwischen den Clicks zu schnell oder zu stark erhöht. In dem Fall müssen Sie

Schritt 1. Igor wird auf seinen Sitzplatz gesetzt ...

Schritt 1. ... und sofort für das Sitzenbleiben belohnt.

den Zeitabstand zwischen zwei Clicks wieder reduzieren, bis Sie es schaffen zu clicken, bevor Ihr Vogel irgendein Anzeichen von Unruhe oder Ungeduld erkennen lässt.

Schritt 3. Kommando hinzufügen

Sobald die Zeitabstände zwischen den Clicks groß genug sind, sprechen Sie das „Bleib"-Kommando vor dem nächsten Click aus. So wird es von Anfang an mit dem Verhalten des Sitzenbleibens verknüpft. Die Abfolge sieht dann folgendermaßen aus: Nach dem letzten Click und Leckerli sagen Sie „Bleib". Sofort danach folgen das nächste Click und Leckerli; dann wieder „Bleib" und wieder Click und Leckerli. Anschließend bauen Sie diese Abstände aus, bis Ihr Papagei auch mehrere Minuten lang auf seinem Platz sitzen bleibt. Seien Sie jedoch verständnisvoll. Sie können von einem Papagei nicht verlangen, dass er endlos auf einem Fleck sitzen bleibt. Es liegt einfach nicht in seiner Natur, längere Zeit still zu sitzen – zumindest nicht, wenn er nicht gerade ruht oder sich der Federpflege widmet.

Schritt 4. Bleib – mit Abstand

Das „Bleib"-Kommando nutzt Ihnen nicht viel, wenn Sie dabei die ganze Zeit vor Ihrem Vogel stehen bleiben müssen. Deshalb sollten Sie unbedingt das „Bleib"-Kommando auch mit räumlicher Entfernung zu Ihrem Vogel üben. Fangen Sie dabei wie immer mit einer sehr geringen Distanz an, und erhöhen Sie diese in Minischritten mit häufigen Clicks und Belohnungen. Sie lernen also die Übung quasi im Schnelldurchlauf noch einmal mit größerer räumlicher Distanz.

Schritt 5. Bleib – mit Ablenkung

Wenn Ihr Vogel problemlos auf seinem Platz sitzen bleibt, selbst wenn Sie sich entfernen oder gar den Raum verlassen, können Sie den Schwierigkeitsgrad weiter erhöhen, indem Sie das „Bleib"-Kommando unter Ablenkung üben. Fangen Sie mit kleineren Ablenkungen an. Sie können zum Beispiel das Radio einschalten oder kurz telefonieren. Dann erarbeiten Sie allmählich größere Ablenkungen. Was einen Vogel ablenkt, ist natürlich individuell unterschiedlich, aber versuchen Sie es doch mal mit Besuch oder nehmen Sie das Partnertier oder sogar den Schwarm mit hinzu.

Schritt 2. … die Zeit zwischen Clicks und Belohnungen wird erhöht …

Schritt 4. … der Abstand zwischen Ihnen und Ihrem Vogel wird allmählich erhöht …

Schritt 4. ... und noch ein bisschen ...

Schritt 4. ... und noch weiter weg ...

Schritt 1. Das Verhalten verstärken

Schritt 4. … der Abstand zwischen Ihnen und Ihrem Vogel wird allmählich erhöht …

Foto: Silke Klingenberg/Tobias Senkel

Schritt 4. ... und noch ein bisschen ...

Foto: Silke Klingenberg/Tobias Senkel

Schritt 4. ... und noch weiter weg ...

Das „Bleib"-Kommando ist besonders schwierig, wenn man wie Tweety hier zuschauen muss, während der Partner, Snoopy, eine Belohnung erhält.

6. In den Käfig

Gerade wenn wir es eilig haben, sind unsere gefiederten Mitbewohner oft überhaupt nicht dazu zu bewegen, in ihre Käfige zu gehen.

Dabei sollte dies eigentlich kein Problem sein, vorausgesetzt natürlich, der Käfig ist von ausreichender Größe (s. Band I: Gutachten über die Mindestanforderungen an die Haltung von Papageien) und mit einer interessanten und artgerechten Ausstattung versehen, sodass Ihre Papageien sich darin nicht langweilen oder gar unwohl fühlen. Wenn Vögel nur schwer in ihre Käfige zurückzubringen sind, kann das schlimme Folgen für ihre Lebensqualität haben. Denn allzu oft werden solche Tiere viel seltener oder überhaupt nicht mehr zum Freiflug aus dem Käfig gelassen, da der Halter Angst hat, sie nicht wieder hineinzubekommen. Das darf natürlich gar nicht sein!

Abhilfe schaffen wir durch ein gut eingeübtes „In den Käfig"-Kommando. Um dies zu lernen, stelle ich Ihnen drei verschiedene Trainingsvarianten vor. Suchen Sie sich einfach die aus, die Ihren Papageien voraussichtlich am einfachsten fällt. Alle drei Varianten haben natürlich das gleiche Trainingsziel, auch der Übungsaufbau und der erste Übungsschritt sind bei allen drei Varianten gleich. Die weitere Durchführung, die unterschiedlich ist, habe ich für Sie separat dargestellt.

Trainingsziel

Ihr Papagei geht problemlos in seinen Käfig.

Übungsaufbau

Ein Leckerlischälchen wird im Käfig an einer gut zugänglichen Stelle angebracht, sodass Sie von außerhalb des Käfigs mit Leichtigkeit ein Leckerli in das Schälchen werfen können. Dies ist natürlich besonders wichtig bei nicht zahmen Vögeln. Aber auch bei zahmen Tieren, welche die Belohnung problemlos aus der Hand nehmen würden, ist es sinnvoll, das Leckerli bei dieser Übung in ein Schälchen zu geben. Sonst kann es nämlich passieren, dass das Tier Ihnen nach dem Click entgegenkommt, um seine Belohnung abzuholen, und dabei den Käfig wieder verlässt.

Das ist natürlich so nicht gewollt und behindert den Trainingsfortschritt. Machen Sie also Ihrem Vogel und sich das Leben einfach, indem Sie das Leckerli in ein innen im Käfig angebrachtes Leckerlischälchen geben.

Trainingsmethode 1

Trainingsmethode 1 verwendet den Targetstick. So können Sie auch relativ unerfahrenen Schülern den Gang in den Käfig schnell beibringen.

Voraussetzungen

Der Vogel folgt dem Targetstick problemlos überall hin. Ein Trainingsparcours sollte für ihn kein Problem sein.

Foto: Sigrid Rhodes/Ron Rhodes

Schritt 2. Gang in den Käfig: Viele, …

Vorgehensweise

Schritt 1. Annäherung an den Käfig

Locken Sie Ihren Vogel mit dem Targetstick zum Käfig. Dies clicken und belohnen Sie. Führen Sie diese Übung so oft durch, bis der Vogel problemlos zum Käfig kommt.

Schritt 2. Gang in den Käfig

Wenn Ihr Vogel mit Leichtigkeit zum Käfig geht, locken Sie ihn mit dem Targetstick Schritt für Schritt in vielen kleinen Etappen, die reichlich geclickt und belohnt werden, in den Käfig. Im Käfig angekommen, bekommt Ihr Vogel selbstverständlich einen Jackpot. Es ist wichtig, dass Sie ihn nun nicht sofort im Käfig einsperren. Er soll ja nicht lernen: „Wenn ich in den Käfig gehe, werde ich eingesperrt". Vielmehr soll er lernen: „Wenn ich in den Käfig gehe, werde ich gefeiert und bekomme eine tolle Belohnung". Wenn Sie so vorgehen, wird der Käfig für Ihren Vogel etwas ganz Tolles und nicht etwas, das um jeden Preis vermieden werden muss. Den Gang in den Käfig üben Sie, bis Ihr Vogel diesen mühelos beherrscht.

Foto: Sigrid Rhodes/Ron Rhodes

Schritt 2. Gang in den Käfig: ... viele ...

Schritt 2. Gang in den Käfig: ... kleine Schritte ...

Schritt 2. Gang in den Käfig: ... führen Tweety bis in den Käfig ...

Schritt 2. Gang in den Käfig: ... geschafft – „wo bleibt meine Belohnung?“

Snoopy und Tweety in flagranti ertappt – na, wenn man so begrüßt wird ...

Schritt 3. Targetstick ausschleichen

Als Nächstes schleichen Sie den Targetstick wie in Band I beschrieben aus.

Schritt 4. Kommando hinzufügen

Wenn Ihr Vogel zuverlässig in den Käfig geht, können Sie das „In den Käfig"-Kommando hinzusetzen.

Schritt 5. Im Käfig bleiben

Geht Ihr Vogel auf Kommando mit Leichtigkeit in den Käfig, können Sie die Übung ein wenig weiterentwickeln, um das Leben noch angenehmer zu machen. Hierzu bringen Sie Ihrem Vogel bei, ruhig im Käfig sitzen zu bleiben. Dadurch verhindern Sie, dass Ihr Vogel ständig ausreißt, während Sie im Käfig hantieren. Diese „Sitzenbleiben"-Übung trainieren Sie wie die „Bleib"- Übung.

Schritt 6. Tür zu

Der letzte Schritt unserer „In den Käfig"-Übung ist das Schließen der Käfigtür. Auch dies sollte möglichst positiv belegt werden. Dazu schließen Sie die Tür mit großer Begeisterung, geben Click und Leckerli und öffnen die Tür sofort wieder. Die Abfolge Tür zu, Click und Leckerli üben Sie mehrfach, bis Ihr Vogel beim Schließen der Käfigtür ganz entspannt bleibt. Dann vergrößern Sie allmählich den Zeitabstand zwischen dem Schließen der Tür, dem Click und dem Öffnen der Tür.

Trainingsmethode 2

Trainingsmethode 2 verwendet Shaping, d.h. Sie „erwischen" Ihren Papagei dabei, wie er in den Käfig geht, und verstärken dies. Diese Methode kann zwar mit einigem Warten verbunden sein, ist aber besonders geeignet, wenn Sie den Gang in den Käfig nebenbei üben möchten, während Sie anderen Tätigkeiten nachgehen, die Ihnen besonders „Spaß" machen, wie zum Beispiel Putzen oder Spülen. Sie müssen lediglich Clicker und Leckerli parat haben und Ihren Papagei in dem Moment erwischen und verstärken, in dem er in den Käfig geht.

Das Kommando fügen Sie bei dieser Vorgehensweise von Anfang an hinzu, da hierbei lediglich ein bereits gezeigtes Verhalten verstärkt wird, es also mit Sicherheit gezeigt wird.

Etwas schwieriger ist diese Shaping-Übung, wenn Ihr Vogel nicht regelmäßig freiwillig in den Käfig geht. Ist dies der Fall, müssen Sie den Gang in den Käfig in viele

Schritt 1. Noch sitzt Igor mehr oder minder gelangweilt auf dem Käfig …

kleine Zwischenschritte unterteilen und diese nacheinander üben. Je nachdem, wo der Käfig sich befindet und wie er von Ihrem Vogel erreicht werden kann, zum Beispiel nur fliegend, kann es schwierig sein, diese Zwischenschritte ausreichend klein definieren und verstärken zu können. Deshalb müssen Sie Ihrem Vogel als Erstes beibringen, auf den Käfig zu fliegen, wenn er sich nicht ohnehin oft dort aufhält. Erst anschließend können Sie den Gang in den Käfig in vielen kleinen Schritten bis durch die Tür und in den Käfig hinein üben.

Voraussetzungen

Ihr Vogel sollte die „Auf deinen Platz"-Übung bereits kennen.

Vorgehensweise

Schritt 1. Auf den Käfig

Falls Ihr Vogel nicht sowieso oft auf seinem Käfig sitzt, bringen Sie ihm mit Hilfe der „Auf deinen Platz"-Übung die Variante „Auf Deinen Käfig" bei. Die verwendete Trainingsmethode ist hierbei irrelevant.

Schritt 2. Das Verhalten erwischen: Selbst kleinste Bewegungen in Richtung Käfigtür werden verstärkt …

Schritt 2. Das Verhalten erwischen: … die meisten Vögel bemerken sehr schnell den Zusammenhang …

Schritt 3. Das Verhalten formen: … und lassen sich Schritt für Schritt …

Schritt 3. Das Verhalten formen: … durch entsprechende Verstärkung…

Schritt 3. Das Verhalten formen: ... durch die Tür ...

Schritt 3. Das Verhalten formen: ... bis in den Käfig dirigieren ...

Schritt 3. Das Verhalten formen: Im Käfig wird Igor weiter bis zu seiner Sitzstange dirigiert ...

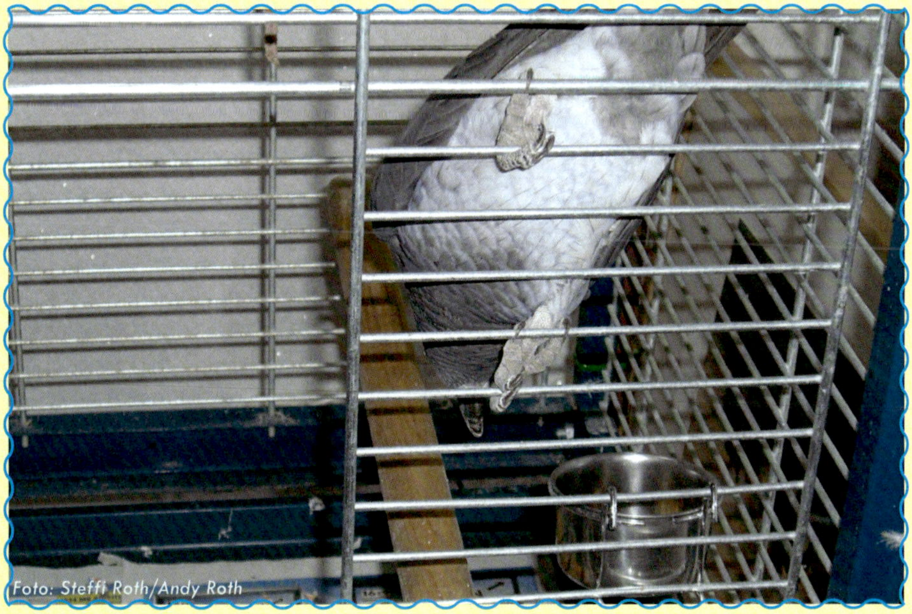

Schritt 3. Das Verhalten formen: ... wo eine Belohnung auf ihn wartet ...

Schritt 6. Tür zu ...

... und Jackpot.

Schritt 2. Das Verhalten erwischen

Wenn Ihr Vogel auf dem Käfig sitzt, warten Sie, bis Ihr Tier die geringste Bewegung in Richtung Käfigtür macht. Dies clicken und belohnen Sie. Eine solche Bewegung kann ein Blick zur Käfigtür, ein leichtes Drehen des Kopfes in Richtung der Käfigtür oder sogar ein Schritt dahin sein. Dies wiederholen Sie so oft, bis Ihr Vogel häufig diese Bewegung zur Käfigtür zeigt.

Schritt 3. Das Verhalten formen

Als Nächstes verzögern Sie den Click ein wenig. Aufgrund eines Extinktionsausbruchs wird Ihr Vogel nun das vorher von Ihnen verstärkte Verhalten deutlicher als zuvor zeigen. Diese stärkere Bewegung zur Käfigtür hin clicken und belohnen Sie. Nachfolgend belohnen Sie Ihren Vogel nur noch für die stärker ausgeprägte Bewegung zur Käfigtür hin. Dies üben Sie so oft, bis Ihr Vogel auch diese deutlichere Bewegung zuverlässig zeigt. Dann verzögern Sie den Click wieder ein wenig und lösen dadurch einen weiteren Extinktionsausbruch aus. Diesen clicken und belohnen Sie ebenfalls. Die Abfolge von Verhalten üben, bis es zuverlässig gezeigt wird, Click verzögern, Extinktionsausbruch auslösen und verstärken, wiederholen Sie, bis Sie Ihren Vogel damit in vielen kleinen mit Click und Leckerli verstärkten Schritten bis in seinen Käfig hinein dirigiert haben.

Schritt 4. Kommando hinzufügen

Sobald Ihr Vogel beginnt, in seinen Käfig zu gehen, können Sie anfangen, das Kommando dazuzusetzen. Denken Sie daran, das Kommando immer erst dann auszusprechen, wenn Sie ganz sicher sind, dass er auch wirklich in den Käfig geht. So vermeiden Sie, dass das Kommando verwässert wird, wie es in Band I erläutert wird.

Schritt 5 + 6

Anschließend üben Sie Schritt fünf und sechs wie in Trainingsmethode 1 dieser Übung beschrieben.

Trainingsmethode 3

Trainingsmethode 3 ist eine Passivübung. Dies bedeutet, dass Ihr Vogel nichts macht. Vielmehr erduldet er, dass Sie ihn in seinen Käfig tragen und dort absetzen. Hört sich einfach an? Wäre es auch, wenn nicht die meisten Papageien „Lunte riechen" und sich aus dem Staub machen würden, lange bevor man mit ihnen am Käfig angekommen ist.

Foto: Silke Klingenberg/Tobias Senkel

Schritt 1. Annäherung an den Käfig ...

Foto: Silke Klingenberg/Tobias Senkel

... sehr schön über die „Komm"-Übung gemeistert

Foto: Silke Klingenberg/Tobias Senkel

Schritt 2. Tragen in den Käfig ...

Foto: Silke Klingenberg/Tobias Senkel

... mit viel Liebe und Geduld ...

... in vielen kleinen Schritten ...

... klappt es immer.

Schritt 3. Im Käfig absetzen ...

... clicken und belohnen. Das hat Artemis sich doch wirklich verdient, oder?

Deshalb gilt es, die Annäherung an den Käfig sensibel in vielen Minischritten zu üben, bevor das Hineinsetzen in den Käfig genauso vorsichtig eingeübt wird.

Voraussetzungen

Ihr Vogel beherrscht die „Auf"-, „Ab"- und „Bleib"-Übungen.

Vorgehensweise

Schritt 1. Annäherung an den Käfig

Nachdem Sie Ihren Vogel mit Hilfe des „Auf"-Kommandos auf die Hand genommen haben, gehen Sie mit ihm langsam in Richtung Käfig. Achten Sie auf seine Körpersprache. Wie ist die Spannung in seinen Füßen? Bevor ein Vogel losfliegt, steigt seine Körperspannung an. Oft drücken auch die Krallen etwas fester zu.
Bei dieser Übung kommt es darauf an, Ihren Vogel für das Stillsitzenbleiben zu belohnen, bevor er irgendwelche Wegflugzeichen gibt. Sie möchten schließlich nicht sein Wegfliegen verstärken, sondern, dass er entspannt sitzen bleibt. In diesem Sinne gilt wie immer: lieber kleinere als größere Schritte machen und lieber zu viel als zu wenig belohnen. Denken Sie daran, jede Belohnung, die Sie geben können, ist Guthaben auf Ihrem Trainingskonto. Gehen Sie also mit Ihrem Vogel auf Komfortabstand zum Käfig und clicken und belohnen Sie dies.

Nachdem Sie dies ein paarmal durchgeführt und belohnt haben, verringern Sie den Abstand zum Käfig minimal. Falls Ihr Vogel wegfliegt oder Abwehrverhalten in irgendeiner Form zeigt, müssen Sie sofort wieder auf etwas mehr Abstand gehen. Bleibt Ihr Vogel jedoch entspannt: bravo! Clicken und belohnen Sie ihn und üben Sie den neuen Abstand mehrere Male, bevor Sie den Abstand wieder ein wenig verringern. So arbeiten Sie sich vor, bis Sie problemlos mit Ihrem Vogel bis unmittelbar vor den Käfig gehen können.

Schritt 2. Tragen in den Käfig

Wenn Sie problemlos mit Ihrem Vogel an den Käfig herantreten können, sind Sie soweit, den nächsten Teil üben zu können: das Tragen Ihres Vogels durch die Käfigtür. Auch hier gilt wieder, in winzig kleinen Schritten vorzugehen, damit der Vogel sich nicht erschreckt oder sich mit der Situation unwohl fühlt. Sie kommen schneller voran, wenn Sie immer innerhalb der Wohlfühlgrenze Ihres Vogels agieren, als wenn Sie ihn überfordern und dadurch Widerstände aufbauen. Nähern Sie also Ihre Hand, auf der Ihr

Vogel sitzt, der Käfigtür schrittweise mit vielen Clicks und Belohnungen, bis Sie in der Lage sind Ihren Vogel zügig durch die geöffnete Käfigtür hindurch zu heben.

Schritt 3. Im Käfig absetzen

Wenn Sie Ihren Vogel entspannt und zügig durch die Käfigtür heben können, sollten Sie das „Ab"-Kommando wie in Band I beschrieben an einem Sitzast im Käfig üben. Für den Anfang ist es hilfreich, wenn Sie dafür seinen Lieblingssitzast wählen, vorausgesetzt natürlich, dass er einen hat und Sie diesen gut erreichen können.

Schritt 4. Tür schließen

Wenn Ihr Vogel soweit ist, dass Sie ihn wirklich hundertprozentig problemlos in den Käfig setzen können, üben Sie, die Käfigtür kurz zu schließen und sofort wieder zu öffnen. Die Abfolge ist: Tür zu, click, Tür auf und Leckerli geben. Die Zeitdauer, während der die Tür geschlossen bleibt, verlängern Sie nach und nach.

Schritt 5. Rituale

Ich finde es hilfreich, mit meinen Papageien bestimmte Abfolgen zu ritualisieren. Sie wissen dann, was ich vorhabe, und sind entsprechend entspannter und kooperativer. Oft initialisieren die Vögel auch selber gewisse Rituale wie Schlafenszeit oder Baden gehen. Ein Beispiel für ein von Ihnen initiiertes Ritual könnte die Verabschiedung sein, wenn Sie morgens aus dem Haus gehen. Sagen Sie zum Beispiel „Arbeiten gehen". Dann setzen Sie Ihre Vögel in ihre Voliere, kraulen ihnen kurz den Kopf – natürlich nur falls Ihre Vögel dies mögen – geben ihnen ihren morgendlichen Abschieds-Hupferl, sagen ihnen nochmal „ich hab Euch lieb" und gehen zügig. Falls Ihre Vögel Sie dann zurückrufen wollen, müssen Sie dies unbedingt ignorieren. Sonst erziehen Sie Ihre Vögel dazu, zu schreien, wenn Sie aus dem Haus gehen. Sie werden sehr schnell lernen, dass nach dem Abschiedsleckerli und -gruß von Ihnen nichts mehr kommt, und sich stattdessen miteinander beschäftigen.

7. In die Transportbox

Transportboxen werden oft in Notfällen benötigt, zum Beispiel wenn die Wohnung aufgrund eines Brandes schnell evakuiert werden muss oder der Vogel nach einem Unfall zum Tierarzt gebracht werden soll.

Nicht ganz so kritisch, aber genauso mühsam kann es sein, den Vogel für seine tägliche Inhalationsbehandlung in seine Transportbox zu bekommen oder wenn Sie mal verreisen möchten. Deshalb halte ich den Gang in die Transportbox für eine der wichtigsten Übungen überhaupt, die Sie mit Ihren Vögeln trainieren sollten.

Um dies einzuüben, stelle ich Ihnen wieder drei verschiedene Trainingsvarianten vor. Bei der ersten wird mit Hilfe des Targetsticks geübt, bei der zweiten handelt es sich um eine Shaping-Übung und bei der dritten Variante bringen Sie Ihrem Vogel bei, sich von Ihnen in seine Transportbox setzen zu lassen. Suchen Sie sich einfach die Variante aus, von der Sie aufgrund Ihrer Erfahrung annehmen, dass sie Ihren Papageien besonders leicht fallen wird. Diese Übung hat große Ähnlichkeit mit der „In den Käfig"-Übung. Lesen Sie sie bitte trotzdem durch, denn es gibt auch einige gravierende Abweichungen, die mit den Besonderheiten der Transportbox und dem Anwendungszweck zusammenhängen. Zunächst einmal ist die Transportbox für viele Vögel von vornherein negativ belegt, da sie in der einen oder anderen Weise bereits schlechte Erfahrung damit gemacht haben. Sie wurden beim Kauf unsanft geschnappt und unsensibel „hineingestopft". Möglicherweise fühlten sie sich auch in der Box bedrängt, da jeder das Tier anstarren wollte. Oft hat der Vogel auch schon unangenehme Erfahrungen im Zusammenhang mit der Transportbox gemacht bzw. er kennt die Transportbox nur in dem Zusammenhang „Besuch beim Tierarzt". All dies macht es für Sie beim Training nicht gerade leichter. Seien Sie deshalb bitte besonders sensibel und nehmen Sie sich viel Zeit, um Ihren Vogel an die Transportbox zu gewöhnen. Dies kann, je nach Vorgeschichte, einige Zeit dauern.

Trainingsziel

Ihr Vogel soll problemlos in die Transportbox gehen bzw. sich in die Transportbox setzen lassen.

Übungsaufbau

Sie benötigen natürlich eine Transportbox für diese Übung. Die Transportbox sollte die Box sein, mit der Sie Ihren Vogel auch im Ernstfall transportieren möchten. Achten Sie bitte darauf, dass Sie pro Vogel eine Transportbox haben, um gegenseitige Verletzungen auszuschließen. Die Transportbox muss von der Größe und Ausstattung her für den jeweiligen Vogel geeignet sein. Richten Sie die Transportbox vor dem Training so her, wie Sie sie für einen eigentlichen Transport benötigen würden. Sonst könnte es passieren, dass Ihr Vogel sich im Ernstfall aufgrund ungewohnter Gegenstände in der Box doch nicht hineintraut. Dies müssen Sie natürlich unbedingt vermeiden. Im Gegenteil: Die Transportbox sollte für Ihren Vogel ein sicherer Zufluchtsort sein, an dem er sich

Foto: Lena Schenk

Trainingsziel: Ihr Vogel soll problemlos in die Transportbox gehen.

TIPP

Achtung! Transportkäfige bergen eine hohe Verletzungsgefahr, weil sich die Gliedmaßen der Tiere bei plötzlichem Abbremsen oder Unfällen zwischen den Gitterstäben verfangen können. Dies kann zu schweren Verletzungen führen. Geschlossene Transportboxen sind deshalb vorzuziehen.

gerne aufhält. Nur so kann Ihr Vogel lernen, auch längere Zeit gerne und geduldig in der Transportbox zu verbringen. Zur Ausstattung gehört auf jeden Fall eine Sitzstange, damit Ihr Vogel beim Transport einen sicheren Halt hat. Außerdem sollten Sie eine saubere und saugfähige Unterlage auf den Boden der Transportbox legen, die Kot oder Erbrochenes aufsaugen kann. Diese sollte nach jeder Benutzung ausgewechselt werden, auch nach dem Training. Verbleibende Leckerlireste ziehen Ungeziefer an.

Bitte bringen Sie keine Näpfe und Spielzeuge in der Transportbox unter. Sie könnten Ihr Tier bei der Reise verletzen, wenn sie aufgrund von Bremsen oder Kurvenfahrt durch die Box fliegen. Auch wenn sie befestigt sind, können Spielzeuge schwingen und Ihren Vogel treffen, während er an Näpfen mit Gliedmaßen hängenbleiben und sich schwer verletzen kann. Mehr Informationen hierzu finden Sie in meinem Buch aus der Vogelschule-Serie „Erste Hilfe für Papageien, Sittiche und andere Vögel".

Zur Übungserleichterung sollten Sie unbedingt eine Transportbox verwenden, die an den Seiten und an der Rückseite Lüftungsöffnungen hat, durch die Sie Ihrem Vogel seine Belohnungsleckerlis geben können. Es ist nicht sinnvoll durch die Tür Leckerlis zu geben. Dafür ist die Transportbox einfach zu eng. Ihr Vogel könnte sich zum einen bedrängt fühlen und zum anderen würde er Ihnen in den meisten Fällen nach dem Click entgegenkommen, um seine Belohnung abzuholen. Er würde also die Transportbox wieder verlassen, was nicht gewollt ist.

Gitter oder Türen im Deckel der Transportbox sind nicht empfehlenswert. Was von oben kommt, könnte Ihren Vogel stark an einen Raubvogel erinnern. Dazu gehört natürlich der Griff nach dem Vogel durch den geöffneten Deckel, aber auch der Targetstick oder sogar die Hand, welche die Belohnung hält, könnten Ihren Vogel erschrecken, wenn sie von oben kommen. Dies ist konträr zu der Idee, dass die Transportbox ein sicherer Zufluchtsort für Ihren Vogel sein soll, und würde das Training zudem erschweren. Seien Sie also bitte sensibel, und führen Sie Targetstick und Leckerli nur von der Seite in die Transportbox ein.

Manche Transportboxen haben sehr leichtgängige Türen beziehungsweise Türen, die von selbst zuklappen. Dies könnte Ihren Vogel erschrecken. Deshalb sollten Sie vorsichtshalber solche Türen zunächst fixieren. Dies können Sie durch Festbinden oder ein Stück Klebeband erreichen. Alternativ können Sie etwas unter die Tür klemmen, sodass sie nicht von selbst zuklappen kann.

Vorgehensweise

Schritt 1. Annäherung an die Transportbox mit und ohne Clicker

Falls Sie Lust haben, die Annäherung an die Transportbox mit dem Clicker zu üben, spart es Ihnen Zeit. Falls nicht, können Sie die Box auch einfach jeden Tag ein wenig näher an Ihre Vögel heranrücken, aber so, dass sie sich niemals bedrängt oder gar verängstigt fühlen.

Beobachten Sie Ihre Vögel und deren Körpersprache genau und seien Sie sensibel wie in Band I beschrieben. Da Sie Ihre Vögel bei der Gewöhnung an die Transportbox schlecht trennen können, ist der ängstlichste Vogel in Ihrem Schwarm der Maßstab für die Annäherungsübung. Sie müssen die Transportbox im Komfortabstand zum ängstlichsten Tier Ihrer Gruppe hinstellen. Dazu ermitteln Sie zuerst den Komfortabstand Ihrer Vögel zur Transportbox.

Falls Ihre Vögel im Käfig sind, fangen Sie in der am weitesten entfernten Ecke des Zimmers an. Fliegen Ihre Vögel frei, sollten Sie die Transportbox weit entfernt von den Lieblingssitzplätzen Ihrer Vögel auf den Boden stellen. Haben Sie bereits den größtmöglichen Abstand zwischen Transportbox und Tieren gewählt und Ihre Vögel sind dennoch nicht entspannt, können Sie sich behelfen, indem Sie die Transportbox zunächst mit einer Decke abdecken.

Nach und nach, mit vielen Clicks und Belohnungen für entspanntes Verhalten, decken Sie die Transportbox immer weiter ab. Erst wenn Sie Ihre Vögel mit dieser Methode an die Anwesenheit der Transportbox gewöhnt haben, können Sie sich wie in Band I beschrieben mit der Transportbox sukzessive näher an Ihre Vögel heranarbeiten.

Wie bereits erwähnt können Sie die Annäherung an die Transportbox auch außerhalb des Trainings durchführen. Lassen Sie die Box einfach im Komfortabstand zu Ihren Vögeln im Zimmer stehen und rücken Sie sie jeden Tag ein wenig näher an die Tiere heran, bis die Box direkt neben dem Käfig bzw. dem Lieblingssitzplatz Ihrer Vögel steht. Dabei müssen Sie die Tiere genau beobachten. Zum einen wollen Sie Ihre Vögel nicht verschrecken oder überfordern. Zum anderen, falls Ihre Vögel nicht ängstlich sondern eher vorwitzig sind und freien Zugang zur Transportbox im Vogelzimmer haben, könnte die Transportbox relativ schnell völlig zerstört oder auch als Brutstätte auserkoren werden. Dies gilt es zu vermeiden. Nachdem Ihre Vögel sich an die Transportbox gewöhnt haben, können Sie mit dem eigentlichen Training beginnen, indem Sie mit einer der drei nachfolgend erläuterten Trainingsmethoden fortfahren.

Trainingsmethode 1

Trainingsmethode 1 verwendet den Targetstick. Dies sollte für Ihren Vogel eigentlich kein Problem sein, wenn Sie wie empfohlen Band I vor Beginn dieses Buches durchgearbeitet haben. Die Transportboxübung lässt sich auch gut in Ihren Trainingsparcours mit einbauen.

Die Schwierigkeit bei dieser Trainingsmethode besteht eher darin, wie Sie den Targetstick positionieren und das Leckerli geben, da die Transportbox viel zu eng ist, als dass Sie mit Targetstick und Vogel darin hantieren könnten. Die unterteilten Trainingsschritte orientieren sich deshalb hauptsächlich an der Position des Targetsticks. Wenn Sie den Targetstick anders positionieren müssen, fängt ein neuer Trainingsschritt für Sie an.

Foto: Silke Klingenberg/Tobias Senkel

Schritt 2. Bis an die Tür: Mit Hilfe des Targetsticks lockt Silke Artemis von Ihrer Schulter bis direkt an die Tür des Transportkäfigs. Dies kann bei kleinen quirligen Vögeln eine extra Portion Geduld erfordern.

Voraussetzungen

Ihr Vogel sollte die Targetstick-Übungen aus Band I sehr gut beherrschen. Außerdem sollten Sie Schritt 1 dieses Kapitels, Annäherung an die Transportbox, geübt haben.

Vorgehensweise

Schritt 2. Bis an die Tür

Nehmen Sie den Targetstick ganz wie gewohnt in die Hand und locken Sie damit Ihren Vogel schrittweise bis an die Öffnung der Transportbox. Denken Sie daran, Ihren Vogel für jeden kleinen Schritt zu clicken und zu belohnen.

Schritt 3. Durch die Tür

Jetzt nehmen Sie den Targetstick und stecken ihn durch die Seitenöffnung der Transportbox, sodass er ein wenig aus der Türöffnung herausragen kann. Dies ist für Ihren Vogel ungewohnt, und er könnte zunächst misstrauisch darauf reagieren. Clicken und

Fotos: Silke Klingenberg/Tobias Senkel

Schritt 3. Durch die Tür: Artemis folgt dem Targetstick durch die Tür, während Luna zuschauen kommt.

belohnen Sie deshalb ein paarmal das einfache Zwicken in den Targetstick vor der Türöffnung. Dann ziehen Sie den Targetstick stückchenweise in die Transportbox hinein. Bei jedem Schritt gibt es natürlich ein Click und Leckerli. Orientieren Sie sich dabei an Ihrem Vogel. Wie immer sollten Sie nur dann weitergehen, wenn die Übung beim jeweiligen Schritt von Ihrem Schüler einwandfrei und zügig absolviert wurde. Wenn er sich etwas schwer tut, dann sollten Sie langsamer voran- oder auch wieder einen Schritt zurückgehen bis zu dem Punkt, an dem er noch mühelos in den Targetstick zwickte. Der Gang durch die Tür ist für viele Vögel der schwierigste Teil dieser Übung. Deshalb hat Ihr Vogel, wenn er dies geschafft hat, verdient, gebührend gefeiert zu werden. Geben Sie ihm einen Jackpot. Wiederholen Sie das Gehen durch die Tür so oft, bis Ihr Vogel diesen Schritt problemlos durchführt.

Schritt 4. In die Tiefen der Transportbox

Je nach Größe der Transportbox und des Targetsticks, sollten Sie in der Lage sein, Ihren Vogel mit dem Targetstick bis fast in die Mitte der Transportbox zu locken. Wenn dies wirklich hundertprozentig ohne Zögern oder Anzeichen von Abwehr funktioniert, können Sie den Targetstick weiter hinten durch das Belüftungsgitter stecken, sodass Sie Ihren Vogel bis ganz nach hinten in die Transportbox locken können.

Schritt 5. Targetstick ausschleichen

Wenn Ihr Vogel dem Targetstick problemlos bis tief in die Transportbox folgt, wird es Zeit, diesen allmählich auszuschleichen. Dazu fangen Sie einfach die Übung damit an, dass sich der Targetstick bereits etwas tiefer in der Box befindet. Während anfangs Ihr Vogel noch in den Targetstick zwickt, können Sie die Übung bald so variieren, dass Ihr Vogel dem Targetstick zwar hinterherläuft, aber geclickt wird, wenn er sich hinten in der Box befindet, bevor er in den Targetstick hineinzwickt. Dies bauen Sie weiter aus, bis die Übung für Ihren Vogel daraus besteht, von allein ganz nach hinten in die Box zu laufen.

Schritt 6. Kommando hinzusetzen

Beherrscht Ihr Vogel den Gang in die Transportbox hundertprozentig, können Sie das Kommando „In die Box“ in einem freundlichen, aufmunternden Ton hinzufügen. Fangen Sie damit an, wenn Ihr Vogel über die Schwelle der Transportbox tritt. Dann geben Sie das Kommando nach und nach immer früher, bis Ihr Vogel auch mit etwas Abstand zur Transportbox darauf reagiert. Ich hatte mal einen Kakadu, der die Länge

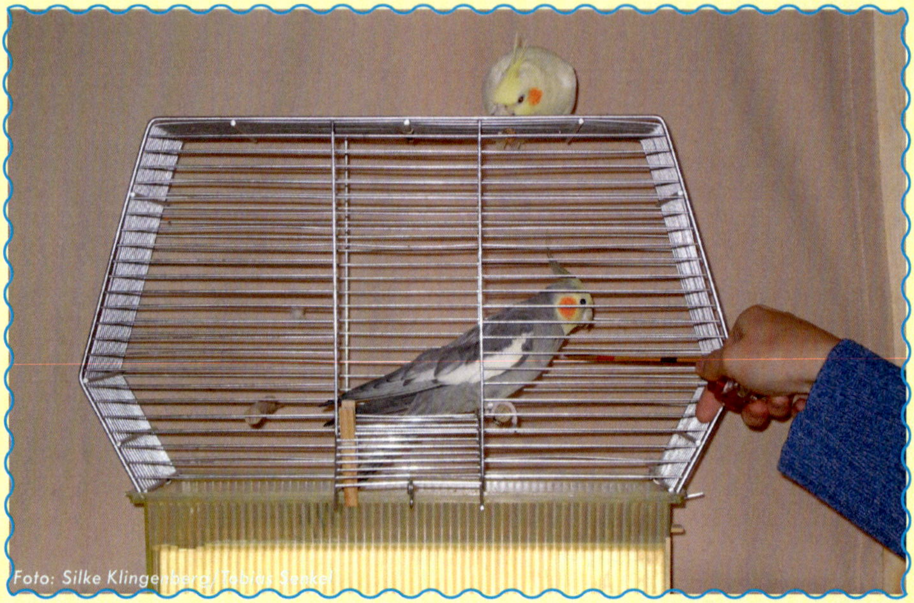

Schritt 4. In die Tiefen der Transportbox: Problemlos folgt Artemis dem Targetstick auch bis tief in den Transportkäfig. Luna, die von oben zuschaut, weiß gar nicht, wie sie das finden soll.

Schritt 5. Tür schließen. Bei aller Skepsis, so eine feine Belohnung, wie Artemis sie gerade verspeist, hätte Luna auch gerne.

TIPP

Oft langweilen sich unsere Papageien in ihrer Transportbox. Dies führt dazu, dass sie sich nicht gerne darin aufhalten. Versuchen Sie also, Ihren Papagei in der Box mit kleinen Aufgaben zu beschäftigen. So hat einer meiner Aras zum Beispiel gelernt, sich in der Box auf den Rücken zu rollen. Eine andere Übung ist, dass er raten muss, in welcher Hand Sie ein Leckerli versteckt haben, und an die richtige Hand tippen muss, um dieses zu erhalten. Seien Sie kreativ und haben Sie Spaß mit Ihrem Vogel.

des gesamten Tropenhauses flog, um zielsicher im Eingang der hochgehaltenen Transportbox zu landen. Schafft Ihr Vogel das auch?

Schritt 7. Verbleiben in der Transportbox

Wenn Ihr Vogel problemlos bis tief in die Transportbox hineingeht, können Sie beginnen, die Zeitdauer des Verbleibs in der Box wie beim „Bleib"-Kommando allmählich zu erhöhen.

Schritt 8. Tür schließen

Wenn Ihr Vogel mühelos in die Transportbox geht und auch ein Weilchen darin verharrt, können Sie das Schließen des Türchens üben. Zuerst schließen Sie die Tür nur ganz kurz und machen sie sofort wieder auf. Suggerieren Sie Ihrem Vogel, dass dies etwas ganz Tolles ist.

Es mag sich albern anhören, wenn Sie laut und begeistert rufen: „Whoa! Die Tür schließt!". Aber Ihr Vogel wird Ihre Emotionen widerspiegeln und es toll finden, wenn die Tür sich schließt – insbesondere, wenn er anschließend einen dicken Jackpot von Ihnen erhält. Auch diese Übung bauen Sie schrittweise auf, bis das Türchen immer länger geschlossen bleiben kann.

Schritt 9. Variationen

In der Regel wird die Aufgabe Ihres Vogels nicht nur sein, dass er in die Transportbox geht und dort ruhig sitzen bleibt. Vielmehr gibt es für ihn, während er in der Transportbox sitzt, einige Erlebnisse, die er über sich ergehen lassen muss, die Ihr Vogel möglicherweise nicht ganz so toll findet. Sie könnten Ihren Vogel einer Inhalationstherapie unterziehen, ihn durch die Gegend tragen, mit ihm Auto fahren, zum Tierarzt gehen, Freunde besuchen usw.

TIPP

Wie gehen Sie am besten mit der Angst Ihres Vogels um?

Sie sollten auf keinen Fall Mitleid zeigen oder Ihren Vogel trösten. Denn damit bestätigen Sie ihm, dass er sich in einer ganz entsetzlichen Situation befindet, was seine Angst um ein Vielfaches verstärken wird.

Es ist viel besser für ihn – und ehrlich gesagt auch für Sie – wenn Sie ihm aufmunternd „es ist doch alles gar nicht so schlimm" und „schau mal, wie interessant dies alles ist" vermitteln. So kann er sich viel eher entspannen, als in Angst oder Panik zu verfallen.

Um all dies so stressfrei wie möglich für Ihren Vogel zu gestalten, sollten Sie solche Situationen einzeln und schrittweise einüben. Brechen Sie dabei die jeweilige Situation in die kleinsten möglichen Einzelteile herunter. So gehören zum Beispiel zum Inhalieren das Näherbringen des Inhalators, das Zudecken der Transportbox mit einem Handtuch, das Anstellen des Inhalators mit und ohne Medizin und schlussendlich das Inhalieren über immer längere Zeiträume.

Der Gang zum Tierarzt hingegen bedeutet, dass die Transportbox getragen wird, und zwar durch die Wohnung, nach draußen und zum Auto. Dann müssen Sie die Transportbox im Auto befestigen und Ihren Vogel zum Tierarzt fahren. Dort angekommen, lösen Sie die Befestigung, nehmen die Transportbox aus dem Auto und tragen sie in die Praxis. Im Warteraum wird Ihr Vogel mit vielen neuen Eindrücken konfrontiert werden. Er wird Menschen, Katzen, Hunde, Kleintiere und andere Vögel sehen und hören. Er wird auch deren Nervosität, Angst oder Stress spüren. Möglicherweise werden Menschen und Tiere ihn bedrängen.

Leider hat noch nicht jeder Tierhalter verstanden, dass es nicht in Ordnung ist, seinen Hund alles beschnuppern zu lassen oder selbst auf jedes Tier zuzugehen, in die Transportbox zu starren oder gar zu versuchen, Ihren Vogel anzufassen. Natürlich werden Sie bemüht sein, Ihr Tier zu schützen so gut es geht, aber das ist nicht immer möglich. Es ist also besser, wenn Sie Ihren Vogel schrittweise an solche Situationen gewöhnen und entspanntes Verhalten proaktiv verstärken. Auch im Behandlungszimmer ist es gut, positive Erfahrungen für Ihr Tier zu sammeln. Dies können Sie am einfachsten darstellen, wenn Sie Ihr Tier nicht nur dann zum Tierarzt bringen, wenn es behandelt werden muss, sondern auch wenn nichts passiert. So könnten Sie zum Beispiel, wenn einer Ihrer Vögel zum Tierarzt muss, immer das Partnertier mitnehmen. Das reduziert nicht nur den Stress für das zu behandelnde Tier, es hat auch den netten Nebeneffekt, dass der Partner sich mit der Situation vertraut macht. Natürlich bringen Sie die Lieblingsleckerlis Ihrer Tiere mit. Alle Anwesenden dürfen diese Ihren Vögeln zustecken, sodass die Menschen im Wartezimmer, Ihr Tierarzt und die Helferinnen Ihren Vögeln in guter Erinnerung bleiben. Sie brauchen übrigens keine Angst haben, dass das Partnertier die negative Erfahrung mitnimmt. Erfahrungsgemäß beruhigen sich die Tiere gegenseitig und denken später nur noch an die ganzen Leckerbissen und die Aufmerksamkeit, die sie bekommen haben.

Meine positiven Erfahrungen mit dieser Vorgehensweise gehen sogar so weit, dass ich bei Operationen das Partnertier mitnehme. Bis kurz vor Beginn ist das Pärchen so zusammen, was den Stress erheblich reduziert. Während der Operation muss der Partner natürlich draußen warten. Aber sobald das kranke Tier wieder bei Bewusstsein ist, sieht es den Partner und fühlt sich in der fremden Umgebung gleich viel wohler. Dies wirkt sich erfahrungsgemäß auch positiv auf die Heilung aus. Sprechen Sie mit Ihrem Tierarzt darüber. Nicht jeder wird sich zu dieser Vorgehensweise bereit erklären, aber es gibt immer mehr Tierärzte, die wissen, dass ein fühlendes und denkendes Lebewesen in dem „Federjäckchen" steckt.

Trainingsmethode 2

Trainingsmethode 2 benutzt das Shaping: Sie erwischen Ihren Vogel dabei, wie er sich der Transportbox zuwendet und formen dieses Verhalten durch Verstärken aus, bis er von selbst hinein geht.

Voraussetzungen

Ihr Vogel sollte zumindest ein oder zwei der Shaping-Übungen aus Band I beherrschen. Außerdem sollten Sie Schritt 1 dieses Kapitels geübt haben.

Vorgehensweise

Schritt 2. Das Verhalten erwischen

Warten Sie, bis Ihr Vogel sich in irgendeiner Form der Transportbox zuwendet. Dies kann ein Blick oder ein leichtes Kopfdrehen in Richtung der Transportbox sein, vielleicht auch schon ein kleiner Schritt darauf zu. Dies clicken und belohnen Sie. Anschließend belohnen Sie dieses Verhalten mehrfach, bis Ihr Vogel es regelmäßig zeigt, bevor Sie zum nächsten Schritt übergehen.

... Schritt für Schritt lernt Luna den Gang in die Transportbox ...

Schritt 3. Das Verhalten formen

Als Nächstes verzögern Sie den Click ein wenig. Aufgrund eines Extinktionsausbruchs wird Ihr Vogel nun das vorher von Ihnen verstärkte Verhalten ausgeprägter als zuvor zeigen. Diese deutlichere Bewegung zur Transportbox hin clicken und belohnen Sie. Anschließend belohnen Sie Ihren Vogel nur noch für die stärkere Bewegung zur Transportbox hin.

Dies üben Sie so oft, bis Ihr Vogel diese deutlichere Bewegung zuverlässig zeigt. Dann verzögern Sie den Click wieder ein wenig, lösen dadurch einen weiteren Extinktionsausbruch aus und clicken und belohnen die dadurch abermals stärker gezeigte Bewegung zur Käfigtür hin. Die Abfolge von Verhalten üben, bis es zuverlässig gezeigt wird, Click verzögern, Extinktionsausbruch verstärken, wiederholen Sie so oft, bis Sie Ihren Vogel in die Transportbox dirigiert haben. Belohnen Sie Ihren Vogel mit Jackpots mindestens, wenn er die Schwelle der Transportbox überschritten hat und wenn er ganz nach hinten in die Transportbox gegangen ist.

Wenn Ihr Vogel den Gang in die Transportbox perfekt beherrscht, fahren Sie bitte mit Schritt sechs bis neun der Trainingsmethode 1 - wie zu Beginn dieses Kapitels beschrieben - fort.

Foto: Lena Schenk/Vera Llorente

Schritt 2. Bis zur Transportbox

Foto: Lena Schenk/Vera Llorente

Schritt 3. Tragen in die Transportbox

Trainingsmethode 3

Wenn Ihr Vogel die Basiskommandos von Band I gut gelernt hat, können Sie ihm recht einfach beibringen, sich in die Transportbox setzen zu lassen.

ACHTUNG: Falls Ihr Vogel dazu neigt zu beißen, insbesondere wenn er gestresst ist oder Angst hat, sollten Sie das Setzen in die Transportbox unbedingt mit einem Tragestöckchen statt Ihrer Hand üben.

Voraussetzungen

Ihr Vogel sollte die „Auf"-, „Ab"- und „Bleib"-Kommandos hundertprozentig beherrschen. Außerdem sollten Sie Schritt 1 dieses Kapitels geübt haben.

Vorgehensweise

Um Ihren Vogel in die Transportbox zu setzen, fügen Sie mehrere bekannte Kommandos zusammen. Diese Vorgehensweise heißt „Chaining", was auf Deutsch so etwas wie Aneinanderketten bedeutet. Obwohl die Kommandos an sich bekannt sind, sollten Sie hierbei sensibel und schrittweise vorgehen, denn die Transportbox ist für Ihren Vogel Neuland. Sie möchten ihn schließlich nicht verschrecken und sein Vertrauen in Sie beeinträchtigen.

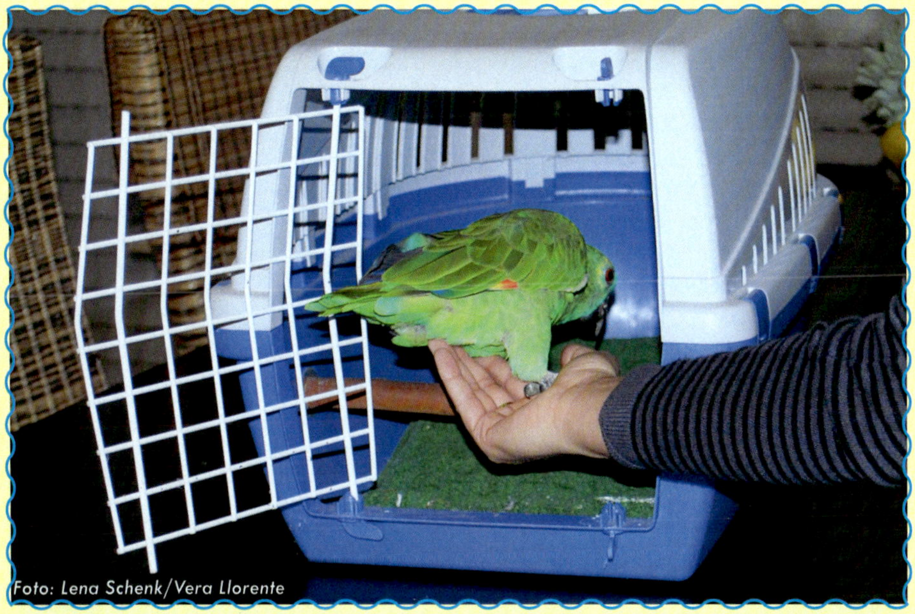

Schritt 4. In die Transportbox setzen

Schritt 8. Tür schließen

Schritt 2. Bis zur Transportbox

Nachdem Sie Ihren Vogel mit Hilfe des „Auf"-Kommandos auf die Hand oder auf ein Tragestöckchen genommen haben, tragen Sie ihn langsam in Richtung Transportbox. Dabei müssen Sie auf seine Körpersprache achten. So merken Sie genau, wenn Ihr Vogel anfängt, sich unwohl zu fühlen. Falls Sie sich unsicher sind, lesen Sie bitte den Abschnitt über den Komfortabstand in Band I noch einmal durch. Das Ziel ist natürlich, dass Sie Ihren Vogel verstärken, bevor er anfängt, sich unwohl zu fühlen. Sollten Sie versehentlich den Komfortabstand unterschritten haben, gehen Sie einfach wieder einen Schritt zurück, warten bis Ihr Vogel sich entspannt hat und clicken und belohnen ihn dann, bevor Sie damit fortfahren, ihn der Transportbox wieder näherzubringen. Denken Sie daran, in Minischritten mit vielen Belohnungen vorzugehen. So kommen Sie viel schneller ans Ziel, als wenn Sie Ihren Vogel mit Riesenschritten überfordern.

Schritt 3. Tragen in die Transportbox

Wenn Sie problemlos mit Ihrem Vogel bis dicht an die Transportbox herantreten können, fangen Sie damit an, ihn sehr vorsichtig und extrem langsam durch die Öffnung zu heben. Dies ist für viele Vögel richtig gruselig. Seien Sie also extrem sensibel und halten Sie die Schritte wirklich klein. Belohnen Sie üppig. Auch ein Jackpot wäre nicht verkehrt. Bedenken Sie, dass im Gegensatz zu den Trainingsmethoden 1 und 2 dieser Übung, jetzt nicht der Vogel die Entscheidung trifft vorwärtszugehen, sondern Sie. Dementsprechend vorsichtig und rücksichtsvoll müssen Sie sein, wenn Sie Ihren Vogel nicht verschrecken wollen. Üben Sie so oft, bis Ihr Vogel keinerlei Problem damit hat, von Ihnen zügig in die Transportbox gehoben zu werden.

Schritt 4. In die Transportbox setzen

Wenn Sie Ihren Vogel entspannt und zügig in die Transportbox heben können, sollten Sie das „Ab"-Kommando wie in Band I beschrieben in der Transportbox mit ihm üben. Es ist eventuell einfacher für Sie, Ihren Vogel dabei auf den Boden der Transportbox zu setzen, anstatt auf den montierten Sitzast. Zum einen können Sie ihn so tiefer in die Box setzen, und zum anderen müssen Sie nicht Ihre Hand verdrehen, um sie so zu positionieren, dass Ihr Vogel bequem auf den Sitzast steigen kann. Sitzt Ihr Vogel erst einmal in der Transportbox, kann er sich ja immer noch auf den Sitzast setzen, wenn er möchte. Die Abfolge Vogel in Transportbox setzen und „Ab"-Kommando üben Sie, bis sie flüssig abläuft. Anschließend können Sie mit dem Training ab Schritt 7 der Trainingsmethode 1, Verbleiben in der Transportbox, fortfahren.

Krankenbesuche: Fino und Pepe bei Sherry in ihrer Krankenbox ...

8. Aus der Spritze trinken

Im Krankheitsfall müssen Vogelhalter häufig ihrem Tier Medikamente in den Schnabel geben. Leider ist dies oft mit erheblichem Stress für Tier und Halter verbunden.

Dieser Stress tut einem kranken Tier nicht gut, da es sein Immunsystem weiter schwächen kann. Für ein verletztes Tier kann die Zwangseingabe von Medikamenten, wenn es sich heftig dagegen wehrt, schmerzhaft sein und seine Verletzung verschlimmern. Diesen Stress können Sie sich weitgehend ersparen, wenn Sie mit Ihrem Vogel vorab das Trinken aus der Spritze üben.

Trainingsziel

Ihr Vogel soll die verschiedensten Flüssigkeiten aus der Spritze trinken.

Übungsaufbau

Sie benötigen natürlich eine bzw. aus Hygienegründen mehrere Einwegspritzen; außerdem einen Trainingssitzplatz, der für Ihren Vogel angenehm und für Sie gut zu erreichen ist.

Voraussetzungen

Ihr Vogel sollte die Targetstick-Übungen sehr gut beherrschen.

Vorgehensweise

Schritt 1. Annäherung an die Spritze

Bringen Sie Ihrem Vogel bei, die Spritze zu tolerieren, indem Sie „Annäherung an den Targetstick“ aus Band I mit der Spritze anstatt mit dem Targetstick üben.

Schritt 2. Spritze berühren

Als Nächstes bringen Sie Ihrem Vogel bei, die Spitze der Spritze zu berühren. Das ist für Vögel, die schon die Targetstick-Übungen kennen, ganz einfach.

Um zu vermeiden, dass unsere Vögel in die Spritze beißen, wie sie es vom Targetstick gewohnt sind, muss ein kleiner Trick herhalten. Füllen Sie die Spritze mit einem Lieblingsgetränk Ihres Vogels, zum Beispiel Saft. Drücken Sie dann ganz leicht auf den Kolben der Spritze, bis ein kleiner Tropfen der Flüssigkeit vorne an der Spitze hängt. Sehr schnell wird Ihr Vogel lernen, die Flüssigkeit abzuschlabbern, anstatt in die Spritze zu beißen. Falls er sich doch in sie verbeißt, nehmen Sie ihm die Spritze sanft drehend weg.

Damit die „Aus der Spritze trinken"-Übung gut funktioniert, ist das richtige Timing essenziell. Im Gegensatz zu der Targetstick-Übung müssen Sie Ihren Vogel clicken, sobald er ganz dicht mit seinem Schnabel an der Spritzenspitze ist, aber bevor er hineinbeißt. Dieses hochpräzise Timing erfordert einige Übung. Deswegen ist die „Aus der Spritze trinken"-Übung auch eher für Fortgeschrittene als für Anfänger geeignet.

Obwohl die gewählte Flüssigkeit zumindest am Anfang Ihrem Vogel gut schmecken sollte, darf dies dennoch nicht die Belohnung sein. Der Grund dafür ist, dass Ihr Vogel mit der Zeit auch lernen soll, ungewohnte und nicht so gut schmeckende Flüssigkeiten, wie es Medikamente leider oft sind, aus der Spritze zu trinken. Ist die Flüssigkeit selbst die Belohnung, wird Ihr Vogel verwirrt sein und die Übung anschließend nicht mehr machen beziehungsweise erst vorsichtig antesten, ob es sich lohnt, das zu trinken, was in der Spritze ist.

Die Medikamentengabe wird so nur schwer funktionieren, wenn überhaupt. Es ist besser, wenn Ihr Vogel ohne nachzudenken einfach trinkt, was in der Spritze ist, und weiß, dass er dafür anschließend eine richtige Belohnung mit seinem Lieblingsleckerli bekommt.

TIPP

Sollte der Kolben klemmen, kann es passieren, dass Sie daraufdrücken und auf einmal die Flüssigkeit aus der Spritze schießt. Dies kann Ihren Vogel wirklich erschrecken und die Übung verderben. Damit dies nicht passiert, pumpen Sie am besten vor dem Befüllen der Spritze den Kolben ein paarmal auf und ab, um ihn zu lockern. Klemmt er, können Sie ihn mit einer dünnen Schicht Vaseline einreiben, damit er besser rutscht.

Schritt 3. Aus der Spritze trinken

Wenn Ihr Vogel gelernt hat, die Tropfen an der Spritze abzuschlabbern, sollte er als Nächstes lernen, auch größere Mengen zu trinken. Dazu drücken Sie, während er den Tropfen abschlabbert, langsam und gleichmäßig auf den Kolben, sodass der Tropfen sozusagen immer nachgefüllt wird. Dies üben Sie, bis er, je nach Größe des Vogels, eine übliche Medikamentenmenge gut und zügig trinkt. Grob gesagt, sollten mittelgroße Vögel wie zum Beispiel Graupapageien oder Amazonen eine 1-ml-Spritze in einem Schwung leer trinken können. Kleine Papageien wie Wellensittiche und Agaporniden sollten mit ungefähr 0,2 ml gut hinkommen, bei großen Aras können es auch mehrere Milliliter sein. Genauere Angaben für Ihre Vogelart erfragen Sie am besten bei Ihrem vogelkundigen Tierarzt.

Schritt 4. Andere Flüssigkeiten

Wenn Sie Ihrem Vogel immer die gleiche Flüssigkeit aus der Spritze zu trinken geben, kann es passieren, dass er die Aufnahme verweigert, wenn die Flüssigkeit, die er trinken soll, einen anderen Geschmack hat als den gewohnten. Deshalb ist es wichtig, dass Ihr Vogel lernt, alle möglichen unterschiedlichen Dinge zu trinken. Dies vereinfacht später die Medikamentengabe. Fangen Sie mit verschiedenen Säften an, gehen Sie zu Kräutertees, Zuckerwasser, Honigwasser und allem anderen über, womit Sie möglicherweise Medikamente mischen würden, um sie schmackhafter zu machen. Es ist wichtig, dass Sie nicht nur mit Obstsäften üben, da manche Medikamente durch die Fruchtsäure ihre Wirkung verlieren. Auch Zucker oder Honig ist nicht für alle Medikamente zum Mischen geeignet. Bei Hefepilzinfektionen zum Beispiel sollte Ihr Vogel während der Behandlung überhaupt keinen Zucker bekommen.

Schritt 5. Fiese Flüssigkeiten

Der Geschmack von Medikamenten ist oft nicht angenehm. Leider kann oder darf er auch nicht immer durch andere, besser schmeckende Zutaten getarnt werden. Deshalb ist es wichtig, dass Ihr Vogel auch lernt, nicht so angenehm schmeckende Flüssigkeiten aus der Spritze zu sich zu nehmen. Fangen Sie am besten mit Wasser an.

Dies schmeckt zwar nicht unangenehm, wird aber bei Ihrem Vogel vermutlich auch keine Begeisterungsstürme auslösen. Probieren Sie dann verschiedene Tees aus. Sie sollten auch unbedingt mit Ihrem Vogel üben, die Nährstofflösung einzunehmen. Das Rezept hierzu finden Sie in meinem Erste-Hilfe-Buch. Es ist wichtig, dass Sie immer wieder ändern, was Sie Ihrem Vogel mit der Spritze geben, damit Ihr Vogel sich nicht

Schritt 1. Annäherung an die Spritze: gruuuuselig ...

Schritt 1. Annäherung an die Spritze: ... hmmmmmmm ...

Schritt 1. Annäherung an die Spritze: ... vielleicht doch mal probieren ...

Schritt 2. Spritze berühren: ... ohhhhh, lecker ...

Schritt 3. Aus der Spritze trinken: … das Trinken aus der Spritze bereitet Fin überhaupt keine Schwierigkeiten mehr …

… auch Snoopy hat sich schnell an die Spritze gewöhnt.

auf einen Geschmack einstellt und dann überrascht ist, wenn er etwas anderes in seinen Schnabel bekommt. Für den Krankheitsfall können Sie außerdem auch die Gabe von Nährbrei mit Hilfe der Spritze üben. Denken Sie daran, den Brei – das Rezept dafür finden Sie ebenfalls in meinem Erste-Hilfe-Buch – durch ein Sieb zu streichen, bevor Sie ihn in die Spritze füllen, damit eventuelle Stückchen die Spritze nicht verstopfen.

Falls dies doch passiert, nehmen Sie die Spritze am besten auseinander und reinigen Sie sie unter fließendem Wasser. Aus eigener, leidvoller Erfahrung kann ich Ihnen mitteilen, dass es keine gute Idee ist, zu versuchen, die Spritze durch Druck freizubekommen. Es sei denn, Sie wollten ohnehin Ihre Wände neu streichen.

Fin hängt jetzt völlig an der Spritze ...

Fin hat die Spritze erobert.

... auch für Igor kein Problem.

So sieht es im Ernstfall aus.

Foto: Jens Bitterlich

Auch Otto nuckelt gerne an der Spritze.

9. Füßchen geben

„Füßchen geben" ist ein Kommando, das auf den ersten Blick lediglich niedlich und nicht besonders nützlich zu sein scheint.

Damit tun Sie dieser Übung aber Unrecht, denn das „Füßchen geben" ist als Vorstufe für mehrere andere Übungen wie zum Beispiel Krallen schleifen oder Füßchen verbinden sehr hilfreich. Die Übung ist auch nicht ganz so einfach wie sie zunächst erscheint.

Die „Auf"-, „Füßchen geben"-, „Gib fünf"- und „Winkewinke"-Kommandos ähneln einander sehr. Lediglich die verschiedenen Handpositionen zeigen Ihrem Vogel, welches Verhalten gewünscht ist. Auch das Timing muss beim Erlernen dieser Übung exakt sein, damit genau das richtige Verhalten markiert und verstärkt wird und Ihr Vogel verstehen kann, was Sie von ihm wünschen. Beides - Handzeichen und Timing - können in der Regel nur erfahrene Trainer akkurat umsetzen. Deshalb stufen wir das „Füßchen geben" als fortgeschrittene Übung ein.

Trainingsziel

Ihr Vogel gibt Ihnen auf Kommando sein Füßchen.

Trainingsmethode

Shaping

Voraussetzungen

Ihr Vogel sollte kein Anfänger im Clickertraining sein und das „Auf"-Kommando beherrschen.

Schritt 1. Das Verhalten herauslocken: Zuerst ist Heidi ein wenig verwirrt und blickt gespannt darauf, was Jens denn nun wieder mit ihr vor hat (linkes Bild). Doch schnell versteht sie, was gewünscht ist, und gibt Jens ganz selbstbewusst die Kralle (rechtes Bild).

Übungsaufbau

Sie benötigen eine Sitzgelegenheit, auf der Ihr Vogel sich wohlfühlt und geschützt ist, sodass er an sich kein Problem damit hat, dort auch längere Zeit sitzend zu verweilen.

Vorgehensweise

Schritt 1. Das Verhalten herauslocken

Sie fangen die Übung an, als ob Sie Ihren Vogel zum Aufsteigen bewegen wollten. Dabei halten Sie aber Ihre Hand deutlich höher als beim „Auf"-Kommando. Zur Erinnerung: Beim „Auf"-Kommando halten Sie Ihre Hand knapp oberhalb der Sitzstange dicht und mittig vor den Bauch Ihres Vogels, sodass er bequem aufsteigen und sein Gewicht auf Ihre Hand verlagern kann.

Beim „Füßchen geben"-Kommando wollen Sie aber verhindern, dass Ihr Vogel sein Gewicht auf Ihre Hand verlagert oder sogar auf Ihre Hand aufsteigt. Dies vermeiden Sie durch die entsprechende Positionierung Ihrer Hand. Halten Sie den vorderen Teil Ihres Zeigefingers vor den Fuß, mit dem Ihr Vogel „Füßchen geben" soll. Die Position ist aber etwas weiter weg und wesentlich höher als beim „Auf"-Kommando. Durch die

Schritt 3. Füßchen fixieren: Auch das Fixieren des Füßchen wird von Heidi zunächst mit einem skeptischen Blick quittiert. Doch auch daran hat sie sich schnell gewöhnt.

Höhe erschweren Sie die Gewichtsverlagerung, nachdem Ihr Vogel das Füßchen auf Ihren Zeigefinger gestellt hat. Beim „Auf"-Kommando ist die Gewichtsverlagerung auf Ihre Hand gewollt. Beim „Füßchen geben" hingegen, sollte Ihr Vogel sein ganzes Gewicht zu jedem Zeitpunkt auf der Sitzstange haben. Dies erlaubt Ihnen, mit dem Füßchen zu hantieren, zum Beispiel „Hände zu schütteln" oder Ähnliches. Da Papageien sehr geschickte Kletterer sind, wird Ihr Vogel trotz der erschwerten Positionierung immer noch recht leicht auf Ihre Hand aufsteigen können. Dies wird er auch versuchen, weil er denken wird, dass Sie dies von ihm wollen. Deshalb ist Ihr Timing bei dieser Übung besonders wichtig. Sobald Ihr Vogel seinen Fuß auf Ihren Zeigefinger legt, müssen Sie ihn clicken und belohnen, und zwar bevor er anfängt, sein Gewicht auf Ihre Hand zu verlagern oder aufzusteigen. Üben Sie dies mehrfach.

Schritt 2. Kommando hinzufügen

Wenn Sie sicher sind, dass Ihr Timing perfekt ist, können Sie anfangen, das gesprochene Kommando hinzuzufügen. Achten Sie aber bitte darauf, dass Sie nicht „Füßchen" sagen, während Ihr Vogel das „Auf"-Kommando ausführt. Das würde beide Kommandos beeinträchtigen.

Schritt 3. Füßchen fixieren

Als Nächstes gewöhnen Sie Ihren Vogel daran, dass Sie den Daumen über sein Füßchen legen, um dieses zu fixieren. Vielen Vögeln ist dies erst einmal unangenehm, denn sie mögen es gar nicht, an den Füßen festgehalten zu werden. Deshalb müssen Sie sehr langsam und sensibel beim Trainieren dieses Schrittes vorgehen.

Vielleicht wundern Sie sich, warum Sie überhaupt Füßchen fixieren üben sollten? Der Grund dafür ist, dass es für einige der anderen Übungen wichtig ist, dass Ihr Vogel es zulässt, wenn Sie seinen Fuß anfassen, festhalten und begutachten, zum Beispiel wenn er sich den Fuß verletzt hat und Sie ihn untersuchen und verbinden müssen oder wenn Sie ihm die Krallen schleifen möchten.

Den Daumen über das Füßchen zu legen, ist nur der erste Schritt dazu, Ihrem Vogel beizubringen, sein Füßchen von Ihnen vielseitig handhaben zu lassen. Gleichzeitig lernt Ihr Vogel, Ihnen sein Füßchen über längere Zeiträume zu überlassen. Die eigentliche Übung, mit der Ihr Vogel lernt, sein Füßchen von Ihrem Daumen fixieren zu lassen, ist nichts anderes als die Annäherungsübung, die wir bei etlichen anderen Übungen auch schon durchgeführt haben. Sie fangen mit dem Füßchen Ihres Vogels auf Ihrem Zeigefinger an und heben Ihren Daumen so weit entfernt von seinem Füßchen hoch, wie es

Zum Verlieben, wie ernsthaft Flip sein Füßchen gibt.

Ihnen anatomisch möglich ist. Dies clicken und belohnen Sie. Nach und nach arbeiten Sie sich immer näher an das Füßchen heran, bis Sie es kurz mit dem Daumen berühren können. Dies hat einen Jackpot verdient. Üben Sie diesen Schritt so oft, bis Ihr Vogel wirklich ganz entspannt ist, wenn Sie sein Füßchen mit dem Daumen berühren. Dann verlängern Sie allmählich die Dauer der Berührung und auch den Druck, den Sie auf das Füßchen ausüben. Ihr Ziel ist, das Füßchen gut und sicher zwischen Zeigefinger und Daumen fixieren zu können. Der Druck, mit dem Sie das Füßchen festhalten, muss natürlich auf die Größe Ihres Vogels abgestimmt sein, damit Sie ihm nicht wehtun oder ihn gar verletzen.

Foto: Christina Rütze

Auch Luke ist mit großem Eifer beim „Füßchengeben" mit dabei: Handzeichen ...

Foto: Christina Rütze

... Füßchen heben ...

... Füßchen geben ...

... und festhalten.

10. Krallen schleifen

Papageien und Sittiche haben oft nadelspitze Krallen, die wirklich wehtun können. Die Hände und Arme mancher Papageienhalter sehen oft so aus, als ob sie mit einer Katze gekämpft hätten.

Das muss nicht sein. Die Krallenspitzen Ihrer Vögel müssen lediglich ein wenig stumpf geschliffen werden. Den Vogel dafür zum Tierarzt zu bringen oder festzuhalten, während eine andere Person schleift, halte ich für unnötig stressig. Warum das Tier quälen, wenn man ihm doch so einfach beibringen kann, sich seine Krallen freiwillig schleifen zu lassen?

Schleifen oder Schneiden?

Krallenschleifen ziehe ich für den Hausgebrauch dem Krallenschneiden erheblich vor, denn beim Krallenschleifen können Sie Ihre Tiere kaum verletzen. Beim Krallenschneiden hingegen kann zu viel abgeschnitten werden.

Bestenfalls tut dies Ihrem Vogel „nur" weh und beeinträchtigt sein Vertrauen in Sie. Schlimmstenfalls blutet die Kralle massiv. Solche Blutungen können schwer zu stillen sein. Dies ist ein völlig unnötiges Risiko, das Sie nicht eingehen sollten. Dies vorausgesetzt, hat das Krallenschleifen zu Hause folgende Vorteile gegenüber einem Krallenschleifen oder -schneiden beim Tierarzt:

- weniger Stress als beim Tierarzt
- billiger als beim Tierarzt
- Zeitersparnis gegenüber Tierarztbesuch
- Es kann immer nur ein bisschen, je nach Bedarf abgeschliffen werden, anstatt ein größeres Stück Kralle abschneiden zu müssen, damit es sich lohnt.
- Es können einzelne Krallen gezielt bearbeitet werden.

- eine gemeinsame Aktivität mehr für Sie und Ihren Vogel, mit der Sie Vertrauen aufbauen und Ihre Beziehung festigen können

Was sollten Sie beachten?

Im Grunde genommen können Sie die Krallen jedes Vogels schleifen, vorausgesetzt, Sie gehen vorsichtig dabei vor. Allerdings gibt es meiner Meinung nach ein paar Ausnahmen, bei denen ich Ihnen davon abraten würde.

Die Krallenspitzen dienen dem Halt der Tiere beim Klettern und Landen. Mit scharfen Krallen haben sie besseren Halt als mit stumpfen. Bei erwachsenen und gesunden Tieren ist dies mehr oder weniger bedeutungslos. Bei Tieren, die ungeschickt beim Klettern und Fliegen sind, wie zum Beispiel Jungtieren oder behinderten Tieren ist dieser extra Halt hingegen wichtig und hilft, Unfälle zu vermeiden. Deshalb sollten ihre Krallen nicht abgestumpft werden.

Wenn Sie Ihrem Tier die Krallen schleifen, sollten Sie auf jeden Fall darauf achten, nicht zu viel auf einmal wegzuschleifen. Zum einen kann es Ihrem Vogel weh tun, zum anderen haben wenige Papageien die Geduld, über einen längeren Zeitraum still zu sitzen. Deshalb sind häufige, kurze Krallenpflegetermine empfehlenswert: Ihr Tier bleibt in Übung und muss nicht solange am Stück still sitzen. Wachsen Krallen auffallend schnell, sollten Sie dies mit Ihrem vogelkundigen Tierarzt besprechen. Übermäßig wachsende Krallen können Hinweis auf eine Erkrankung oder Haltungsdefizite sein. Lassen Sie sich beraten.

Trainingsziel

Ihr Vogel soll sich von Ihnen bereitwillig die Krallen schleifen lassen.

Trainingsmethode

Chaining, das heißt die Aneinanderreihung einzelner Übungselemente.

Übungsaufbau

Sie benötigen eine Nagelfeile und eine Sitzgelegenheit, an die Sie bequem heranreichen können und auf der Ihr Vogel gerne sitzt. Bei besonders dicken Krallen können Sie auch mit einem Schleifgerät arbeiten. Dies erfordert jedoch besondere Vorsicht, da die Verletzungsgefahr damit erheblich höher ist als mit der Nagelfeile. Außerdem ist die Übung mit dem Schleifgerät aufgrund des Schleifgeräusches und der -vibrationen für die meisten Vögel schwieriger zu erlernen.

Vorbereitung: Annäherung mit der Nagelfeile

Schritt 1. Füßchen halten: Heidi lässt die Füßchenfummelei geduldig über sich ergehen.

Voraussetzungen

Auch diese Übung besteht aus mehreren kleinen Übungen, die zu einem Ganzen zusammengeführt werden.

Ihr Vogel sollte die „Füßchen geben"-Übung beherrschen. Außerdem müssen Sie vorab mit ihm die Annäherung mit der Nagelfeile üben.

Vorgehensweise

Schritt 1. Füßchen halten

Lassen Sie sich von Ihrem Vogel das Füßchen geben, eine Übung, die er sehr gut beherrschen sollte, bevor Sie mit der „Krallen schleifen"-Übung anfangen. Sie müssen Ihren Vogel jetzt daran gewöhnen, dass Sie nicht nur das Füßchen zwischen Zeigefinger und Daumen halten, sondern es auch bewegen, umgreifen, einzelne Zehen festhalten und so weiter.

Dies üben Sie jeweils in Minischritten, die Sie natürlich clicken und belohnen. Ihr Ziel ist, das ganze Füßchen Ihres Vogels in einer Hand halten und gleichzeitig einzelne Krallen, die Sie bearbeiten wollen, zwischen Daumen und Zeigefinger sicher fixieren zu können.

Schritt 2. Annäherung der Nagelfeile: Heidi beäugt argwöhnisch die sich nähernde Nagelfeile

Schritt 3. Kralle mit Nagelfeile berühren: geht doch.

Schritt 2. Annäherung der Nagelfeile

Nachdem Sie mit Ihrem Vogel sowohl Füßchen halten als auch die Annäherung mit der Nagelfeile geübt haben, können Sie beide Übungen kombinieren. Bringen Sie die Nagelfeile bei gehaltenem Füßchen bis dicht an die zu schleifende Kralle.

Schritt 3. Kralle mit Nagelfeile berühren

Nun tupfen Sie kurz mit der Nagelfeile gegen die Kralle und belohnen dies großzügig. Dies wiederholen Sie mehrfach, bis Ihr Vogel bei dieser Berührung ganz entspannt ist.

Schritt 4. Kralle einmal schleifen

Als Nächstes schleifen Sie ganz kurz über die Kralle. Üben Sie dies so oft, bis Ihr Vogel ganz entspannt dabei bleibt. Clicken und Belohnung nicht vergessen!

Schritt 5. Kralle schleifen

Dann steigern Sie die Anzahl der Schleifgänge ganz allmählich. Also schleifen Sie kurz zweimal, dann clicken und belohnen Sie Ihren Vogel. Anschließend schleifen Sie die Kralle dreimal, viermal, und so weiter. Ziel ist es, dass Sie eine Kralle komplett schleifen können, bevor Ihr Vogel geclickt und belohnt wird. Die Belohnung fällt dann natürlich entsprechend üppig aus. Ihr Vogel sollte gebührend gefeiert werden und einen dicken Jackpot bekommen.

Variationen

Zur „Krallen schleifen" Übung gibt es mehrere Variationen, die hilfreich sind, wenn Ihr Vogel sie beherrscht.

Ich führe hier einige davon als Anregung für Sie auf, die meines Erachtens besonders nützlich sind. Eine komplette Anleitung ist aufgrund der großen Ähnlichkeit mit der „Krallen schleifen"-Übung nicht wirklich notwendig. Aber ein paar Tipps möchte ich Ihnen dennoch mit auf den Weg geben.

Füßchen untersuchen

Eine Vorstufe des Krallenschleifens, die Sie bereits gelernt haben, ist die Handhabung des Füßchens. Daraus können Sie auch die Variante Füßchen untersuchen gestalten. Bei Fußverletzungen, die leider schnell mal passieren können, ist diese Übung überaus hilfreich. Denn sie reduziert den Stress für das Tier, während Sie die dringend notwendige Untersuchung des Füßchens durchführen.

Foto: Jens Bitterlich/Kai Schäfer

Schritt 4. Kralle einmal schleifen: Das findet Heidi wirklich seltsam

Füßchen untersuchen: Kein Problem für Jack

Füßchen verbinden

Eine weitere Variation von „Kralle schleifen" ist „Füßchen verbinden". Es ist hilfreich, wenn Sie dies üben, bevor ein Notfall Sie jemals dazu zwingt, dies durchführen zu müssen.

Schneiden Sie für diese Übung Verbandstreifen zurecht, so wie Sie sie im Ernstfall benötigen würden. Mehr Informationen hierzu finden Sie in meinem Buch „Die Vogelschule. Erste Hilfe für Papageien, Sittiche und andere Vögel". Die einzelnen Schritte, die Sie anschließend mit Ihrem Vogel üben müssen, sind denen für das Krallenschneiden sehr ähnlich und werden mit der gleichen Methode eingeübt:

- Annäherung mit dem Verbandstreifen
- kurzes Berühren mit dem Verband
- immer länger werdendes Berühren mit dem Verbandstreifen
- Halten des Füßchens mit Verband in der Nähe
- Umlegen des Fußes mit dem Verbandstreifen
- Umwickeln der Fußmitte mit dem Verband
- Arbeiten Sie sich Schritt für Schritt immer weiter vor, bis Sie den Fuß komplett verbinden können

Annäherung mit dem Verbandstreifen: Otto fragt sich, was das denn nun schon wieder soll...

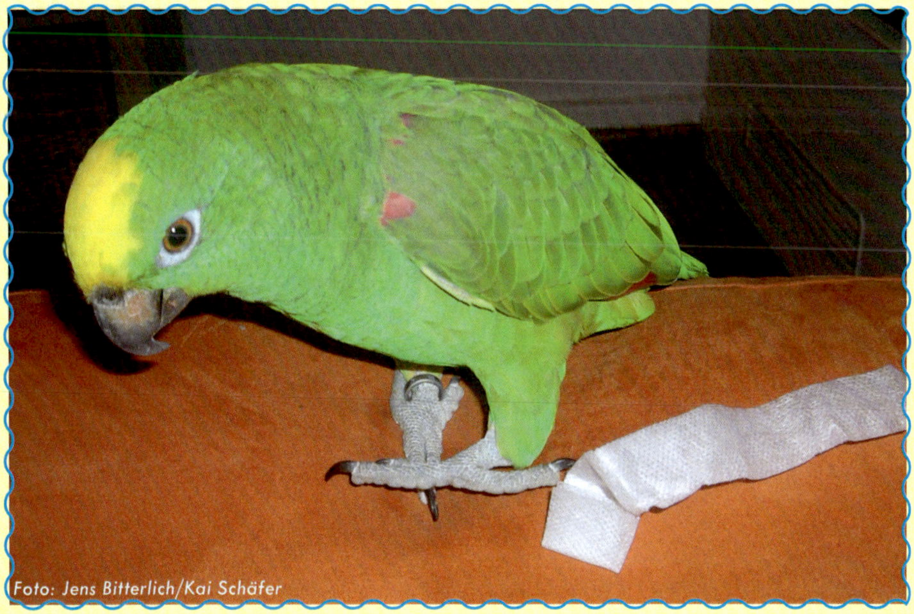

Annäherung mit dem Verbandstreifen: „Ein bisschen Misstrauen kann nicht schaden …"

Immer länger werdendes Berühren mit dem Verbandstreifen: Otto entspannt: „Nichts passiert!“

Halten des Füßchens mit Verband in der Nähe: „Was soll das denn werden?“

Umlegen des Fußes mit dem Verbandstreifen: „Hey, schubs mich nicht um!“

Umwickeln der Fußmitte mit dem Verband: „Na, ob das was wird?“

Nach und nach wird der ganze Fuß unter Ottos skeptischen Blicken verbunden.

Zum Schluss mit einem Stück Textilband festkleben – und fertig.

Selbst kleine Wellensittiche wie Flip können lernen, sich das Füßchen behandeln zu lassen.

Flip begutachtet das Werk.

Füßchen verbinden

Achtung! Der Verband sollte locker sitzen und beim Verbinden nicht gestreckt werden. Es besteht die Gefahr, dass ein zu eng sitzender Verband die Blutzirkulation abschneidet und das Füßchen abstirbt.

Kralle veröden – mit Blutstiller

Wenn eine Kralle verletzt wurde und heftig blutet, kann es sein, dass Sie sie veröden müssen, um allzu großen Blutverlust Ihres Papageis zu verhindern. Normalerweise würden Sie einen Gazetupfer oder Wattestäbchen mit blutstillender Lösung, zum Beispiel Eisen-III-Chlorid, tränken und auf die verletzte Kralle drücken, bis die Blutung gestillt ist. Mehr Informationen hierzu finden Sie in meinem Erste-Hilfe-Buch. In der Umsetzung im Training bedeutet dies für Sie die folgenden Trainingsschritte:

- Annäherung des Blutstillers
- Tupfen mit dem Blutstiller
- Aufdrücken des Blutstillers über einen längeren Zeitraum

Kralle veröden – mit Lötkolben

Ein einfaches und schnelles Mittel, die Blutung einer Kralle zu stillen, ist, ganz kurz einen heißen Lötkolben dagegen zu tupfen. Dies können Sie vortrefflich mit einem kleinen Lötkolben üben, der zum Training außer Betrieb sein sollte:

- Annäherung mit dem Lötkolben
- Annäherung mit Lötkolben bei gehaltener Zehe
- Lötkolbenspitze vorsichtig gegen die Kralle tupfen

Fußring überprüfen und lesen

Viele Halter wissen leider nicht die Ringnummer Ihrer Vögel. Diese ist aber extrem wichtig, um das Tier im Fall des Entfliegens wiederzubekommen und identifizieren zu können. Abgesehen davon, benötigen Sie die Ringnummer auch, um Ihre Vögel bei der zuständigen Behörde anmelden zu können.

Das Lesen der Ringnummer ist ganz einfach und dient gleichzeitig auch der Überprüfung des Rings. Er sollte sich lose am Bein drehen lassen, aber nicht so lose sitzen, dass er sich über das Gelenk schieben lässt. Letzteres würde zu erhöhter Verletzungsgefahr führen, während ein zu fest sitzender Ring die Blutzirkulation abschnürt, wodurch das Füßchen absterben kann. Dies ist insbesondere bei Verletzungen am ringtragenden Fuß zu berücksichtigen. Wenn der Fuß aufgrund der Verletzung anschwillt, muss der Ring abgenommen werden, um den Fuß zu retten. Dies sollte im Idealfall von einem

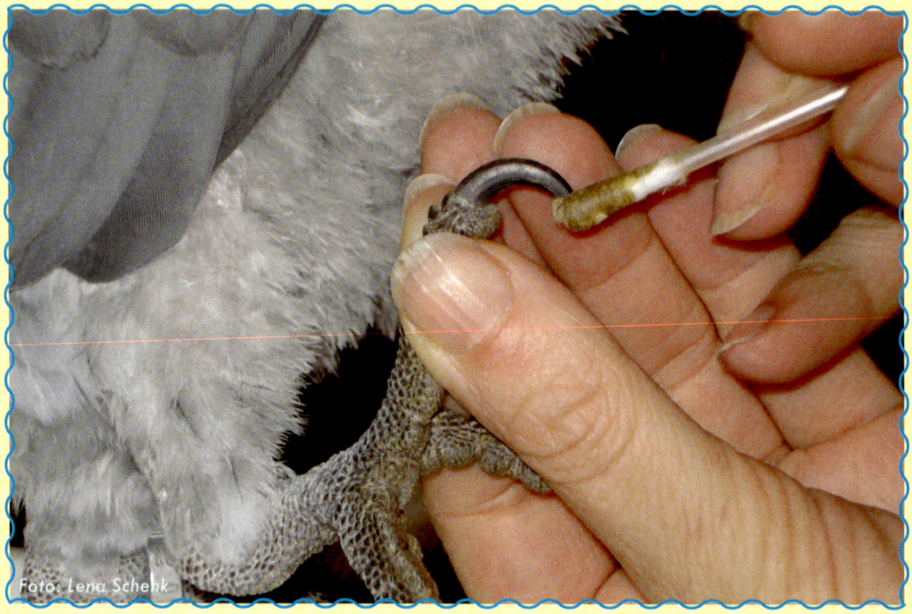

Kralle veröden – mit Blutstiller

Kralle veröden – mit Blutstiller

Kralle veröden – mit Blutstiller

Kralle veröden – mit Blutstiller

Kralle veröden – mit Lötkolben: Annäherung mit dem Lötkolben

Kralle veröden – mit Lötkolben: Annäherung mit Hand und Lötkolben

Kralle veröden – mit Lötkolben: Annäherung mit Lötkolben bei gehaltener Zehe

Kralle veröden – mit Lötkolben: Lötkolben vorsichtig an Kralle tupfen

Fußring lesen: Es darf gefummelt werden …

Fußring lesen: … und schon haben wir die Nummer.

vogelkundigen Tierarzt durchgeführt werden, da Vogelbeine sehr fragil sind und schnell brechen können. Auch hierzu finden Sie detaillierte Informationen in meinem Erste-Hilfe-Buch.

Das Training, um den Fußring begutachten zu können, ist denkbar einfach, wenn Sie Ihrem Vogel bereits das Füßchengeben beigebracht haben:

- Halten des Füßchens in einer Hand
- Berühren des Rings
- Herumspielen mit dem Ring, also am Beinchen hoch und herunter schieben und drehen

11. Winkewinke

Eine weitere niedliche aber praktische Übung ist das Winkewinke.

Bei dieser Übung hebt Ihr Vogel sein Füßchen sehr hoch und hält es in dieser Position. Das Winkewinke ist an sich schon niedlich, kann aber auch nützlich sein. Bei Vögeln mit Fußsohlengeschwüren kann die „Winkewinke"-Übung zum Beispiel dazu verwendet werden, die Fußsohlen zu inspizieren oder – in einer Variation dieser Übung – sogar Salbe aufzutragen. Besonders „cool" ist es hingegen, wenn Sie diese Übung zu einem „Gib fünf" ausbauen.

Trainingsziel

Ihr Vogel soll auf Kommando sein Füßchen hochheben.

Übungsaufbau

Sie benötigen lediglich einen bequemen Sitzort für Ihren Vogel.

Voraussetzungen

Ihr Vogel sollte kein Clickeranfänger sein.

Vorgehensweise

Diese Übung hat große Ähnlichkeit mit den „Auf"-, „Füßchen geben"- und „Kralle schleifen"-Übungen. Sie sollten deshalb darauf achten, dass Ihr Handzeichen sich von denen der anderen Übungen abhebt, um Ihren Vogel nicht unnötig zu verwirren und zu frustrieren.

Das zufällig von Romeo gezeigte Füßchenheben, kann von Thilo mit dem Clicker eingefangen und ausgearbeitet werden.

Schritt 1. Das Verhalten einfangen

Der erste Schritt ist wie immer bei Shaping-Übungen das Einfangen eines Verhaltens, das Sie zu dem erwünschten Verhalten ausbauen können. In diesem Fall clicken Sie Ihren Vogel, wenn er sein Füßchen ein wenig hochhebt. Fokussieren Sie sich dabei zunächst entweder auf das rechte oder auf das linke Füßchen. Wenn Ihr Vogel sein Füßchen minimal hebt, clicken und belohnen Sie dies. Wenn Ihr Vogel das „Füßchen geben"-Kommando beherrscht, können Sie hierbei ein wenig schummeln. Führen Sie Ihre Hand zum Vogel, als ob Sie sein Füßchen wollten. Hebt er das Füßchen, clicken Sie dies genau in dem

TIPP

Ich arbeite bei den verschiedenen Füßchen-Übungen mit folgenden Handzeichen:

- „Auf": Handkante mit Zeigefinger nach oben, Handrücken zum Vogel
- „Füßchen geben" und „Kralle schleifen": Handfläche nach oben, Zeigefinger parallel zum Vogel
- „Winkewinke": Fingerspitzen nach oben, Handfläche zum Vogel, so wie Sie normalerweise jemandem zuwinken würden.

Schritt 1. Das Verhalten einfangen: Bei einem Vogel, der das „Füßchen geben"-Kommando beherrscht, kann das Winkewinke herausgelockt werden.

Schritt 1. Das Verhalten einfangen: Der Finger befindet sich höher als für das normale Füßchen geben. Flips wundert sich zwar etwas, fängt aber an, sein Füßchen trotzdem hoch zu heben.

Schritt 2. Das Verhalten ausarbeiten: Das Füßchenheben kommt dem Winkewinke schon sehr nahe ...

Schritt 3. Handsignal hinzufügen: Mit Hinzufügen des Handsignals muss das Winkewinke noch einmal ausgearbeitet werden.

Schritt 3. Handsignal hinzufügen: Schnell durchläuft Flips die Ausarbeitung des Winkewinkes …

Schritt 3. Handsignal hinzufügen: … ein bisschen höher …

Trainingsziel: ein wunderschönes Winkewinke

Das hat eine dicke Belohnung verdient!

Moment. Sie lassen ihn also nicht die Übung durchführen, sondern clicken sobald er das Füßchen hebt, aber bevor er Ihre Hand oder Ihren Finger berührt. So vermeiden Sie es, dass Sie sich beim Schummeln die „Füßchen geben"-Übung kaputt machen. Das Füßchenheben clicken und belohnen Sie so oft, bis Ihr Vogel es häufig und gerne anbietet.

Schritt 2. Das Verhalten ausarbeiten

Der nächste Schritt ist die Verzögerung des Clicks, sodass Ihr Vogel aufgrund des Ausmerzungsverhaltens sein Füßchen höher hebt als zuvor. Dies clicken und belohnen Sie mehrere Male, bis auch dieses gesteigerte Verhalten zuverlässig gezeigt wird. Denken Sie daran, dass Sie von nun an nur noch das gesteigerte Füßchenheben belohnen. Die Abfolge Füßchen heben, Click verzögern, gesteigertes Füßchen heben verstärken und festigen, wiederholen Sie solange, bis Ihr Vogel sein Füßchen so hoch hebt, dass es wie ein schönes Winken aussieht. Selbstverständlich müssen Sie dabei darauf achten, dass Sie Ihren Vogel nicht überfordern.

Schritt 3. Handsignal hinzufügen

Wechseln Sie nun zum richtigen Handsignal für das Winkewinke, indem Sie Ihrem Vogel Ihre Hand offen wie beim Winken zuwenden. Wenn Ihr Vogel ein wenig verwirrt reagiert und sein Füßchen nicht so hoch hebt wie vorher, üben Sie einfach Schritt 2 noch einmal unter Einbeziehung des Handzeichens durch. Dieses Mal sollte das Training sehr viel schneller gehen als beim ersten Mal, da Ihr Vogel die Übung bereits im Prinzip kennt.

Schritt 4. Kommando hinzufügen

Wenn Sie mögen und das Verhalten hundertprozentig sicher sitzt, können Sie nun auch noch ein gesprochenes Kommando hinzufügen. Sie winken Ihrem Vogel zu und sagen zum Beispiel begeistert „Hallo!" und Ihr Vogel winkt mit.

Variationen

Zum „Winkewinke"-Kommando gibt es mehrere Variationen. Nachfolgend stelle ich Ihnen ein paar Favoriten vor.

Salbe auftragen

Eine Variante der „Winkewinke"-Übung ist das Auftragen von Salbe. Um dies gut durchführen zu können, müssen Sie das erhobene Füßchen mit einer Hand stabilisieren,

Foto: Lena Schenk/Patrick Llorente

Salbe auftragen – funktioniert bei großen Papageien wie Lucio …

Foto: Heike Möller

… genauso gut wie bei kleinen Papageien wie Knuffel.

„High five" mit einer kleinen Papageienart

„High five" mit Jack

während Sie mit der anderen Hand die Salbe auftragen. Hierzu sollten Sie aus Hygienegründen ein Wattestäbchen benutzen. Sie müssen also auch die Annäherung mit dem Wattestäbchen üben. Davon ausgehend, dass Ihr Vogel das „Winkewinke" beherrscht, sehen die Übungsschritte dann wie folgt aus:

- Annäherung mit der Hand während des „Winkewinkes"
- erhobenes Füßchen festhalten
- Annäherung mit Wattestäbchen
- Berührung mit Wattestäbchen
- Salbe auftragen

High five

Ich muss gestehen, „Gib fünf" oder „High five" ist eine meiner Lieblingsübungen, so albern sie auch ist. Jack und Scarlett, mein dunkelrotes Arapaar, beherrschen den Sinn der Sache so gut, das Sie mich begeistert mit „High five!" loben, wenn ich ihnen einen besonderen Leckerbissen gebe, was mich jedes Mal zum Lachen bringt. Wer clickt hier wen? Die Übung an sich ist ganz einfach, wenn Ihr Vogel das Winkewinke beherrscht.

Flips, hoch die Füße zum Cancan ... links ... *... rechts ...*

Auch Lucio ist ein ernst zu nehmender Teilnehmer am diesjährigen Cancan-Wettbewerb.

Er muss sich lediglich daran gewöhnen, dass Sie seine Fußfläche, je nach Größe des Vogels, mit Ihrer Hand oder Ihrem Finger berühren.

- Annäherung mit Hand während der „Winkewinke"-Übung
- Berührung der Fußfläche
- Kommando „High five" hinzusetzen.

Ziel ist es, das „High five" begeistert zu schmettern, während Sie den Fuß abklatschen. Falls Sie jedoch einen eher ängstlichen Vogel haben, sollten Sie Ihre Begeisterung anfangs streng im Zaum halten und nur allmählich steigern, damit Sie den armen Kerl nicht völlig erschrecken.

Cancan

Auch der Cancan ist eine ziemlich alberne aber lustige Variante des Winkewinkes. Viele Papageien lieben Musik und bewegen sich auch mehr oder minder gut im Takt. Wenn Sie das Winkewinke mit beiden Füßen üben, können Sie Ihrem Vogel ganz leicht das „Tanzen" beibringen. Es ist ja nichts anderes als das abwechselnde Heben von beiden Füßchen. Übungsschritte sind:

- rechtes Füßchen heben
- auf Kommando setzen
- linkes Füßchen heben
- auf Kommando setzen
- rechtes und linkes Füßchen mit Kommandos abwechselnd heben lassen
- Anfangskommando „Cancan" dazu setzen und Zwischenkommandos, rechts und links, ausschleichen

Diese kleine Routine können Sie natürlich in eine größere Kür einbauen, zum Beispiel mit einer Drehung oder einer Rolle um den Sitzast, wie Sie sie in Band I gelernt haben. Ein wenig ernsthafter können Sie das Tanzen wie eine Art Physiotherapie bei nicht so beweglichen Vögeln einsetzen. Dabei müssen Sie natürlich dem Gesundheitszustand Ihres Vogels entsprechend sanft und schonend vorgehen. Weniger ist auch hier oft mehr. Sie wollen ein ohnehin schon krankes Tier nicht überanstrengen. Bitte besprechen Sie Ihr Vorhaben vorab mit Ihrem vogelkundigen Tierarzt.

Halt mal

Die meisten Papageien benutzen ihre Füße wie Hände, in denen sie auch Futter oder Spielzeug halten. Dies können wir uns für die „Halt mal"-Übung zunutze machen. Das Prinzip ist ganz einfach. Während Ihr Vogel die „Winkewinke"-Übung durchführt,

Foto: Ann Castro

Halt mal!

drücken Sie ihm einen Gegenstand in die Hand. Wenn Sie es patriotisch mögen, kann der Gegenstand sogar eine kleine Flagge sein. Bodenständiger ist ein kleiner Löffel oder Holzspachtel, den Sie in einen dickflüssigen Leckerbissen, zum Beispiel rotes Palmöl oder Nussmus, getunkt haben. Die Übungsschritte sind wie folgt:

- Annäherung mit dem festzuhaltenden Gegenstand üben
- Annäherung während des „Winkewinkes" üben
- Berührung der Fußsohle mit dem Gegenstand
- Shapen des Greifens des Gegenstands. Manche Vögel greifen sofort zu, bei anderen müssen Sie das Greifen des Gegenstandes Schritt für Schritt üben
- Erst wenn Ihr Vogel den Löffel zuverlässig in die Kralle nimmt, dürfen Sie ihn mit Leckerli bestücken. Es ist sonst für Sie schwierig, ihn vom Fressen des Leckerlis abzuhalten, während er die Übung lernt. Bis Sie an diesem Schritt angekommen sind, belohnen Sie wie sonst auch mit Click und Leckerbissen aus der Hand.

12. Apportieren

Viele Papageien langweilen sich und sind außerdem noch untertrainiert oder übergewichtig. Mit dem Apportieren-Spiel kann man die berühmten zwei Fliegen mit einer Klappe schlagen.

Zum einen wird der Ihr Vogel mental gefordert, denn das Apportieren kann mit einem Versteckspiel kombiniert werden. Zum anderen kann Apportieren Ihren Vogel ganz schön auf Trab bringen. Schließlich muss er hin und her fliegen, um Ihnen seine Beute zu bringen. Aber am wichtigsten ist, dass Apportieren den meisten Papageien richtig Spaß macht. Es entspricht auch natürlichen Verhaltensweisen, denn Papageien nehmen sich oft Leckerbissen und fliegen damit an einen sicheren Platz, um diesen in Ruhe zu verspeisen. Apportieren ist lediglich eine Variante dieses natürlichen Verhaltens. Statt eines Leckerbissens wird ein Objekt aufgenommen, der sichere Platz sind Sie, und zum Verspeisen dient nicht das Objekt, sondern ein Leckerbissen.

Trainingsziel

Ihr Papagei bringt Ihnen einen von Ihnen bestimmten Gegenstand (das Apportel).

Trainingsmethode

Backward Chaining.

Backward Chaining ist das Aneinanderreihen von verschiedenen Verhaltensweisen zu einer Gesamtübung. Der Clou dabei ist, dass man beim letzten Verhalten anfängt. Dieses sitzt dann besonders sicher, da es am meisten geübt wurde. Gerade bei Übungen, bei denen der letzte Schritt der Schwierigste ist, wie zum Beispiel beim Apportieren das in die Hand Geben des Apportels, bietet sich das Backward Chaining als Trainingsmethode an.

Schritt 1. Aufwärmen – „Aus"-Kommando

Voraussetzungen

Ihr Vogel beherrscht das „Aus"-, das „Auf"- und das „Komm"-Kommando aus Band I. Das „Aus"-Kommando muss so eingeübt sein, dass Ihr Vogel den Gegenstand in Ihre Hand gibt und nicht einfach irgendwo fallen lässt.

Übungsaufbau

Sie benötigen eine flache Oberfläche, auf der Sie das Apportel ablegen können. Diese Oberfläche muss für Sie gut zu erreichen sein und Ihr Vogel muss sich auf ihr wohlfühlen. Ein Tisch oder ein niedriger Schrank sind in der Regel am Besten geeignet. Das Apportel sollte ein Gegenstand sein, den Ihr Vogel problemlos hochheben und mit dem er auch fliegen kann. Ihr Vogel sollte keine Angst davor haben, aber es sollte wiederum auch nicht so verlockend sein, dass Ihr Vogel damit spielen oder es zerkauen möchte.

Vorgehensweise

Schritt 1. Aufwärmen – „Aus"-Kommando

Wärmen Sie Ihren Vogel ein wenig auf, indem Sie ein paarmal das „Aus"-Kommando durchführen.

Schritt 2. „Aus"-Kommando ausweiten

Schritt 2. „Aus"-Kommando ausweiten

Halten Sie Ihre Hand nun ein bisschen nach rechts, sodass Ihr Vogel seinen Kopf ein wenig bewegen muss, um den Gegenstand in Ihre Hand zu geben. Am Anfang dürfen Sie wirklich nur mit Millimeter-Variationen arbeiten. Lässt er den Gegenstand einfach auf die Oberfläche fallen, sind Sie zu schnell vorgegangen. In dem Fall müssen Sie die Abweichung wieder verringern, bis Ihr Vogel das Apportel problemlos in Ihre Hand gibt. Schafft Ihr Vogel mühelos, das Apportel ein wenig nach rechts in Ihre Hand zu geben, üben Sie, die Hand ein wenig nach links zu halten. Dann vergrößern Sie allmählich die Abstände, jedoch nur so weit, dass Ihr Vogel noch keinen Schritt machen muss, um an Ihre Hand zu kommen. Er lernt so, das Apportel immer in Ihre Hand zu geben.

Schritt 3. Erster Schritt mit Apportel

Als Nächstes ziehen Sie die Hand vom Vogel weg ein wenig zu sich hin, sodass Ihr Vogel sich ein wenig strecken muss, um das Apportel in Ihre Hand zu legen. Kann er dies problemlos durchführen, vergrößern Sie nach und nach den Abstand zwischen Hand und Vogel, bis er einen kleinen Schritt gehen muss, um an Ihre Hand zu kommen. Dies hat wahrlich einen Jackpot verdient!

Foto: Christina Rütze

Schritt 3. Erster Schritt mit Apportel: Auch das schafft Luke prima.

Foto: Christina Rütze

Schritt 4. Mehrere Schritte mit Apportel: Luke muss nun schon ein Stückchen laufen ...

Schritt 4. Mehrere Schritte mit Apportel: ... er läuft zielstrebig zum Glöckchen ...

Schritt 4. Mehrere Schritte mit Apportel: ... hebt es auf ...

Foto: Christina Rütze

Schritt 4. Mehrere Schritte mit Apportel: ... dreht sich um ...

Schritt 4. Mehrere Schritte mit Apportel

Dehnen Sie den Abstand zwischen Vogel und Hand allmählich aus, bis er mehrere Schritte mit dem Apportel zurücklegen muss, um es in Ihre Hand legen zu können. Wenn er dies gut beherrscht, üben Sie verschiedene Richtungen.

Schritt 5. Apportel holen

Wenn Ihr Vogel das Apportel hundertprozentig zuverlässig in Ihre Hand gibt, wird es Zeit, etwas mehr Abwechslung in die Apportieren-Übung zu bringen. Das Apportel wird nun nicht mehr Ihrem Vogel direkt in den Schnabel gegeben oder vor ihn hingelegt. Stattdessen variieren Sie auch die Lage des Apportels. Zunächst kann das Apportel ein wenig rechts vom Vogel liegen, dann ein wenig links. Dies bauen Sie immer weiter aus und vergrößern auch die Abstände, bis Ihr Vogel das Apportel von jeder Position auf Ihrer Übungsoberfläche für Sie holt.

Schritt 6. Kommando hinzufügen

Bevor der Schwierigkeitsgrad weiter erhöht wird, sollten Sie der Übung das Kommando „Apport“ hinzufügen. Dies führen Sie wie in Band I erläutert durch. Der richtige

Schritt 4. Mehrere Schritte mit Apportel: ... und läuft zielstrebig zu Christina zurück.

Zeitpunkt, das Kommando zu geben, ist zunächst der Moment, in dem Ihr Vogel das Apportel aufnimmt. Allmählich sagen Sie das Kommando früher und früher, bis Sie es geben können, bevor Ihr Vogel das Apportel für Sie holt. Es ist wichtig, dass Sie das Kommando sehr gut üben, denn wir benötigen es, um später die Übung zu erweitern.

Schwierigkeitsgrad 1:

Fliegend apportieren

Der nächste Schwierigkeitsgrad der Übung ist es, Ihrem Vogel beizubringen, mit dem Apportel zu Ihnen hinzufliegen. Dieser Teil der „Apportieren"-Übung erfordert zwingend, dass Ihr Vogel sowohl die „Auf"- als auch die „Komm"-Übungen aus Band I beherrscht. Gegebenenfalls sollten Sie diese vor Beginn des „Fliegend Apportieren"-Trainings noch einmal üben. Falls Sie während der Übung Probleme mit den einzelnen Schritten haben sollten, obwohl Ihr Vogel eigentlich die Basisübungen dafür beherrscht, könnten Sie auch die entsprechenden Übungen aus Band I noch einmal mit Apportel durchüben.

Bei der „Fliegend Apportieren"-Übung müssen Sie mit beiden Händen arbeiten. Ein Arm bzw. eine Hand ist der Landeplatz für Ihren apportierenden Vogel, mit der

Statt Zerkauen ...

... lieber Apportieren.

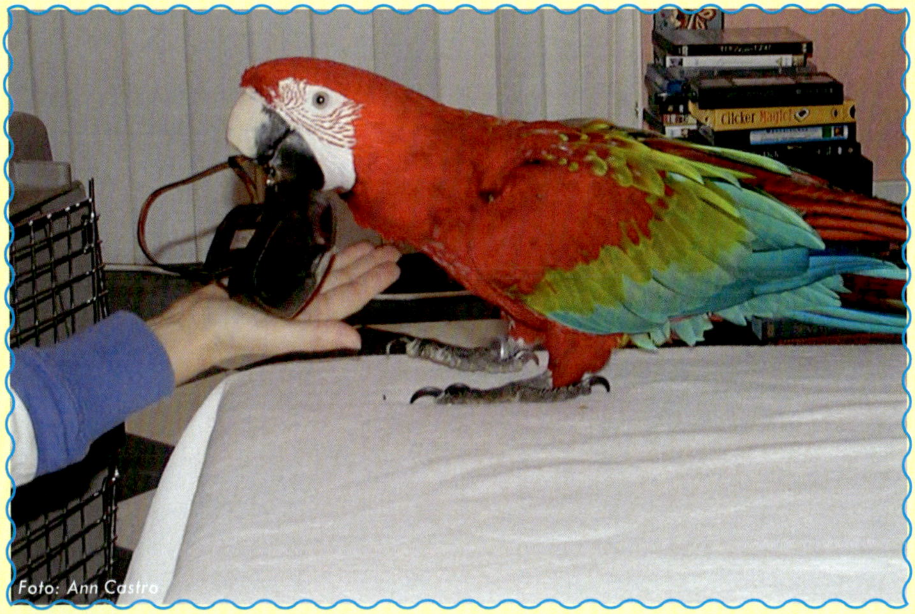

So einfach kann unerwünschtes Verhalten umgelenkt werden.

Aus Apportieren kann Ihr Vogel, so wie Jack hier, auch schnell das Basketballspiel lernen.

anderen Hand nehmen Sie das Apportel in Empfang. Um Verwechslungen zu vermeiden, nennen wir erstere die Sitzhand und letztere die Empfangshand. Clicker und Leckerli bringen Sie am besten in Ihrer Sitzhand unter. So ist die Empfangshand leer und Ihr Vogel kann nicht durch darin befindliche Leckerbissen abgelenkt werden. Die Abfolge ist dann wie folgt: Ihr Vogel landet auf Ihrem Sitzarm und gibt das Apportel in die Empfangshand. Dies clicken Sie mit der Sitzhand. Dann nehmen Sie mit der Empfangshand ein Leckerli aus der Sitzhand und geben dies Ihrem Vogel.

Schritt 7. Apportel über Tischkante

Positionieren Sie Ihre Empfangshand als Erstes ein wenig von der Tischkante entfernt. Ihr Vogel sollte aber den Tisch nicht verlassen müssen, um das Apportel in Ihre Hand geben zu können. Ein bisschen Strecken sollte reichen. Dies üben Sie in den verschiedensten Positionen entlang des Tisches, bis Ihr Vogel das Apportel absolut zuverlässig über die Tischkante hinaus in Ihre Hand gibt.

Schritt 8. Mit Apportel auf Hand steigen

Dann halten Sie Ihre Sitzhand zwischen Tischkante und Empfangshand, sodass Ihr Vogel auf die Sitzhand steigen muss, um das Apportel in die Empfangshand geben zu können. Schafft er dies noch nicht, müssen Sie die normale „Auf"-Übung wie in Band I beschrieben noch einmal mit Apportel üben.

Schritt 9. Mit Apportel fliegen

Anschließend vergrößern Sie den Abstand zwischen Tischkante und Sitzhand, sodass Ihr Vogel einen kleinen Hüpfer machen muss, um auf die Sitzhand zu kommen. Die Empfangshand halten Sie nach wie vor direkt hinter die Sitzhand. So kann Ihr Vogel, wenn er erst einmal auf der Sitzhand sitzt, mühelos das Apportel in Ihre Empfangshand geben. Anschließend vergrößern Sie den Abstand allmählich, bis Ihr Vogel ein gutes Stück fliegen muss, um auf Ihrer Sitzhand landen und Ihnen das Apportel geben zu können.

Schwierigkeitsgrad 2:

Zum Apportel fliegen

Haben Sie bislang immer Apportel und Vogel fein säuberlich auf dem Tisch abgesetzt, soll Ihr Vogel nun lernen, zum Apportel hinzufliegen.

Für den sicheren Halt rückt Flips das Apportel vor dem Abflug noch ein wenig zurecht ...

... und Abflug ...

... echt Arbeit – schwer das Teil ...

... fast geschafft ...

So schön kann Training sein!

Schritt 10. Von der Hand auf den Tisch

Wir fangen natürlich wie immer mit einem geringen Abstand vom Tisch an. Ihr Vogel sitzt zunächst auf Ihrer Sitzhand. Diese positionieren Sie vor den Tisch, ein wenig unterhalb der Tischhöhe, sodass Ihr Vogel problemlos auf den Tisch aufsteigen kann. Das Apportel legen Sie so auf den Tisch, dass Ihr Vogel die Sitzhand verlassen muss, um es erreichen zu können.

Falls es ihm schwerfällt von Ihrer Hand auf den Tisch zu gehen, üben Sie bitte noch einmal das in Band I erklärte „Ab"-Kommando, bis Ihr Vogel es hundertprozentig beherrscht. Ihr Vogel sollte anschließend problemlos auf den Tisch gehen, das Apportel, wie von Ihnen gemeinsam geübt, holen und in Ihre Empfangshand geben.

Schritt 11. Gehüpft und geholt

Wenn dieser Ablauf reibungslos funktioniert, vergrößern Sie den Abstand zwischen Sitzhand und Tisch, bis Ihr Vogel von der Hand auf den Tisch hüpfen muss, um das Apportel zu holen.

Schritt 12. Fliegend apportiert

Diesen Abstand bauen Sie immer weiter aus, bis Ihr Vogel von Ihrer Sitzhand auf den Tisch fliegen muss, um das Apportel holen zu können. Wenn Sie ein geeignetes Apportel haben, zum Beispiel ein kleines Stofftier, das nicht vom Tisch rollen kann, haben Sie den Vorteil, dass Sie das Apportel einfach auf den Tisch werfen können, bevor Sie Ihren Vogel mit dem „Apport"-Kommando losschicken, anstatt selber jedes Mal zum Tisch laufen zu müssen.

Schritt 13. Transferübungen

Wenn Ihr Vogel das Apportieren vom Tisch absolut sicher beherrscht, können Sie mit ihm auch an anderen Orten üben. Sie müssen natürlich sensibel mit Ihrem Vogel dabei umgehen. Wenn er den Ort nicht kennt oder gar vor ihm Angst hat, müssen Sie ihm die Angst mit einer Annäherungsübung, wie wir sie in Band I gelernt haben, nehmen. Aber dann kann es wirklich hoch hergehen. Sie können zum Beispiel anfangs das Apportel auf die Küchentheke werfen, später auf einen Schrank oder auch einfach die Treppe hoch. Seien Sie kreativ. Insbesondere in Kombination mit der „Such-Verloren"-Übung kann das Apportieren zu einem interessanten Versteckspiel für Ihren Vogel werden, das ihn geistig und körperlich beansprucht und fit hält.

13. Such-Verloren

Papageien haben unglaublich gute Augen und sind extrem intelligent.

Beide Fähigkeiten machen wir uns beim Such-Verloren-Spiel zunutze. Dabei setzen wir unsere Vögel ähnlich einem Fährtenhund ein. Der große Unterschied ist, dass Papageien im Gegensatz zu Hunden beim Suchen keine Witterung aufnehmen können. Deswegen muss unsere „Beute“ sichtbar sein. Sichtbar ist allerdings relativ. Wenn zum Beispiel mein dunkelroter Ara Jack quer durch den Raum einen Pinienkern erspähen kann, der unter den Fernseher gerollt ist, zeigt dies, dass er mit ein bisschen Übung auch andere schwer zu sehende Objekte finden kann.

Trainingsziel

Ihr Papagei sucht und findet einen von Ihnen versteckten Gegenstand und bringt diesen zu Ihnen.

Trainingsmethode

Backward Chaining

Voraussetzungen

Ihr Vogel beherrscht das Apportieren.

Übungsaufbau

Sie benötigen wie beim Apportieren eine flache Oberfläche, auf der Sie das Apportel ablegen können. Am besten eignet sich ein einfacher Tisch. Das Apportel sollte ein

Schritt 1. Aufwärmen: Brav apportiert Fino sein Lieblingsquietschi

Gegenstand sein, der unverwechselbar ist. Wie soll Ihr Papagei sonst wissen, welchen von mehreren ähnlichen Gegenständen er suchen und zu Ihnen bringen soll? Es hilft zusätzlich, wenn das Apportel eine knallige Farbe hat, damit es leichter gesehen und erkannt werden kann.

Wenn das Apportel nicht zu groß ist, können Sie es außerdem leichter verstecken und Ihr Vogel kann es besser tragen. Selbstverständlich darf Ihr Vogel vor dem Apportel keine Angst haben.

Zusätzlich benötigen Sie noch etwas zum Abdecken des Apportels, zum Beispiel ein kleines Handtuch. Damit die Übung funktioniert, darf Ihr Vogel natürlich vor der Abdeckung ebenfalls keine Angst haben. Wählen Sie also entweder eine Abdeckung aus, mit der er keine Probleme hat, oder führen Sie mit ihm die Annäherungsübung wie in Band I beschrieben durch.

Vorgehensweise

Schritt 1. Aufwärmen

Wärmen Sie Ihren Vogel für das Training auf, indem Sie ihn das Apportel zwei- bis dreimal vom Tisch apportieren lassen.

Schritt 2. Apportel – halb zugedeckt: auch halb zugedeckt kein Problem für Fino …

Schritt 2. Apportel – halb zugedeckt: … Fino apportiert sein Lieblingsquietschi

Schritt 3.Das Apportel „verschwindet“: Ja Fino, wo isses denn???

Schritt 3.Das Apportel „verschwindet“: ahhhhh ...

Schritt 3.Das Apportel „verschwindet“: auch bei erhöhtem Schwierigkeitsgrad findet Fino das Apportel nun problemlos, während Sherry zuschaut.

Schritt 2. Apportel – halb zugedeckt

Im nächsten Schritt decken Sie das Apportel halb zu und lassen es wieder von Ihrem Vogel apportieren. Wenn er dies mit Leichtigkeit schafft, können Sie beim nächsten Durchgang direkt das Kommando „Such“ dazu setzen. Das „Such“ wird Ihrem Vogel zukünftig mitteilen, dass er das Apportel nicht nur apportieren, sondern zuerst suchen muss. Er lernt, genauer hinschauen, um es zu finden.

Falls Ihr Vogel Schwierigkeiten hat, das halb zugedeckte Apportel zu finden, müssen Sie es weiter aufdecken, bis er es problemlos findet und zu Ihnen bringt. Dann arbeiten Sie sich millimeterweise wieder vorwärts.

Schritt 3. Das Apportel „verschwindet“

Decken Sie das Apportel immer weiter zu, bis nur noch eine kleine Ecke unter dem Handtuch hervorblitzt. Dabei sollten Sie jeden Schritt gründlich üben, bevor Sie das Apportel weiter zudecken. Denken Sie auch daran, für schwierige Trainingsschritte einen Jackpot zu geben und Ihren Vogel begeistert für seine Klugheit zu feiern. Das spornt an!

Schritt 4. Transferübungen

Wenn Ihr Vogel das Apportel auch fast zugedeckt gut findet und zu Ihnen bringt, ist es Zeit, diese Übung auf andere Orte zu erweitern. Machen Sie es Ihrem Vogel leicht, indem Sie auch hier in Minischritten vorangehen.

Legen Sie das Apportel zunächst auf andere Stellen auf dem Tisch. Dann probieren Sie zum Beispiel, es auf dem Sofa zu verstecken. Sie können auch allmählich anfangen, andere Utensilien zum Zudecken zu verwenden. So könnte das Apportel nach und nach hinter einem Sofakissen verschwinden oder hinter einem Aktenordner. Denken Sie jedoch immer daran, dass Ihr Vogel mit den Augen sucht. Das Apportel muss also immer noch ein bisschen zu sehen sein.

Wenn die Übung Ihrem Vogel so richtig Spaß macht, können Sie den Schwierigkeitsgrad immer weiter erhöhen. Das Apportel könnte zum Beispiel unter das Sofa fallen oder in einer offenen Küchenschublade liegen. Seien Sie kreativ! Natürlich wird Ihr Vogel für seine tolle Leistung stets ausgiebig gefeiert und belohnt.

Foto: Lena Schenk

Schritt 4: Transferübungen: Gefunden – hoppla ist das wackelig …

Foto: Lena Schenk

Schritt 4: Transferübungen: … erst mal sammeln …

Foto: Lena Schenk

Schritt 4: Transferübungen: ... festgeklemmt ...

Foto: Lena Schenk

Schritt 4: Transferübungen: ... geschafft ...

Schritt 4: Transferübungen: … jetzt zurückbringen …

Schritt 4: Transferübungen: … voilà!

14. Fangen spielen

Papageien können fantastische Flieger sein. Leider kommen sie in der Gefangenschaft kaum dazu, ihre Fähigkeiten zu nutzen.

Zwar hilft es, wenn Sie Ihre Vögel in einer Gruppe oder zumindest mit Partner halten. Aber oft bleiben die Flugkünste dennoch auf einem rudimentären Niveau. Dies liegt daran, dass es einfach keinen Grund dafür gibt, schwierige Manöver zu üben. Hier hilft das Fangenspielen. Abgesehen davon, dass Ihr Tier dadurch gut trainiert wird, hat das Fangenspielen den nicht zu unterschätzenden Vorteil, dass Ihr Vogel lernt, auch unter widrigen Bedingungen und unter Ablenkung zu Ihnen zu fliegen. Falls er einmal entfliegen sollte, erhöht dies die Wahrscheinlichkeit ungemein, dass er zu Ihnen zurückkehren kann. Allzu oft ist es so, dass entflogene Vögel gerne zu ihren Besitzern fliegen würden, es ihnen aber an der Flugfähigkeit fehlt, dies durchzuführen. Eine gute Flugfähigkeit hilft ihnen auch Fressfeinden zu entkommen.

ACHTUNG: Fangen spielen sollte nicht mit aggressiven Vögeln geübt werden. Schließlich wollen Sie nicht deren Treffsicherheit bei Angriffsflügen auf Sie und andere erhöhen. Falls Sie einen aggressiven Vogel haben, sollten Sie dieses Problem lösen, bevor Sie Fangen spielen üben.

Trainingsziel

Ihr Papagei fliegt Ihnen auf Kommando hinterher. Er soll dies auch in schwierigen Situationen und unter Ablenkung durchführen können.

Trainingsmethode

Backward Chaining

Voraussetzungen

Ihr Vogel beherrscht das „Komm"-Kommando wirklich zuverlässig.

Übungsaufbau

Sie benötigen lediglich einen Ort, an dem Ihr Papagei sitzen kann, und ein wenig Platz zum Laufen.

Vorgehensweise

Schritt 1. Aufwärmen

Zum Aufwärmen üben Sie mit Ihrem Vogel das „Komm"-Kommando zwei- bis dreimal.

Schritt 2. Erste Bewegungen

Als Nächstes stellen Sie sich in relativ geringem Abstand, sagen wir zwei Meter entfernt, vor Ihren Vogel hin und rufen ihn mit dem „Komm"-Kommando. Sobald er abhebt, bewegen Sie sich vorsichtig einen Schritt rückwärts. Dabei halten Sie ihm genauso wie Sie es bisher gemacht haben Ihren Landearm entgegen.

Falls Ihr Vogel besonders ängstlich ist, kann es passieren, dass er durch Ihre Bewegung verwirrt, abgelenkt oder gar erschreckt wird und nicht auf Ihrem Arm landet. Wenn die „Komm"-Übung wirklich gut beherrscht wird, sollte dies allerdings nicht passieren, wenn Sie sich einigermaßen vorsichtig bewegen. Falls doch, sollten Sie die „Komm"-Übung aus Band I erst noch besser üben, ehe Sie zur „Fangen spielen"-Übung übergehen. Erst dann sollten Sie Schritt 2 so oft wiederholen, bis Ihr Vogel auch bei einem zügigen Schritt rückwärts zuverlässig auf Ihrem Arm landet.

Schritt 3. Rückwärts laufen

Wenn Ihr Vogel dies beherrscht, fügen Sie einen weiteren Schritt hinzu und üben dies wiederum mehrfach, bis Ihr Vogel zuverlässig auch bei zwei Schritten rückwärts auf Ihren Arm kommt. Dann fügen Sie wieder einen Schritt hinzu und wiederholen den Prozess, bis Sie mehrere Schritte in einer geraden Linie rückwärts laufen können.

Schritt 4. Rücken zudrehen

Nun können Sie anfangen, sich allmählich vom Vogel wegzudrehen. Am Anfang ist es wichtig, dem Vogel zugewandt zu sein, um zu sehen, ob er Probleme mit dem Hinterherfliegen hat, aber auch, um seine Aufmerksamkeit auf Sie zu fesseln. Doch nach und

Schritt 3. Rückwärts laufen: Zuerst läuft Silke nur ein paar Schritte rückwärts und animiert Artemis mit hingehaltenem Landearm dazu, ihr zu folgen …

Foto: Silke Klingenberg/Tobias Senkel

Schritt 4. Rücken zudrehen: Nun dreht Silke Artemis den Rücken zu, während sie die gleiche Strecke läuft …

Schritt 4. Rücken zudrehen: ... auch das schafft Artemis problemlos.

Schritt 7. Schwierigkeitsgrad erhöhen: Ich krieg Dich, auch wenn Du um die Ecke rennst …

Foto: Silke Klingenberg/Tobias Senkel

Schritt 7. Schwierigkeitsgrad erhöhen: Artemis bekommt seine wohlverdiente Belohnung. Silke erzählte uns, dass er in der Nacht besonders gut geschlafen hat. Ganz schön anstrengend dieses Fitness-Training.

nach können Sie sich von Ihrem Vogel beim Laufen abwenden. Zunächst behalten Sie ihn dabei durch Blick über die Schulter noch im Auge, doch bald sollte auch dies nicht mehr nötig sein. Den Arm sollten Sie aber weiterhin als gute Landefläche für ihn hoch halten, damit er nicht irgendwie, irgendwo auf Ihnen landen muss, was zu Unfällen und Verletzungen führen könnte.

Schritt 5. Erste Bögen

Beherrscht Ihr Vogel die gerade Linie problemlos, auch wenn Sie von ihm abgewandt sind, ist es Zeit, allmählich von der geraden Linie abzuweichen. Dabei laufen Sie zunächst einen leichten Bogen, der für Ihren Vogel problemlos zu meistern sein sollte. Üben Sie diesen Bogen zuerst in die eine, dann in die andere Richtung. Wenn Ihr Vogel Sie problemlos fängt, unabhängig davon, in welche Richtung Sie den Bogen gelaufen sind, können Sie die Bögen in kleinen Schritten immer stärker ausbauen.

Schritt 6. Zickzack

Der nächste Schwierigkeitsgrad sind Zickzacklinien. Fangen Sie ähnlich wie bei den Bögen mit einer leichten Welle an. Diese bauen Sie allmählich zu mehreren leichten und dann immer stärker werdenden Wellen bis hin zu Zickzacklinien aus. Denken Sie daran, dass Zickzacklinien auch im Bogen gelaufen werden können.

Schritt 7. Schwierigkeitsgrad erhöhen

Wenn Ihr Papagei Sie auch dann zuverlässig fängt, wenn Sie starke Zickzacklinien laufen, können Sie sich immer neue Varianten einfallen lassen, um den Schwierigkeitsgrad weiter zu erhöhen. Dabei müssen Sie natürlich wie immer schrittweise vorgehen, damit Sie Ihren Vogel nicht frustrieren. Feiern Sie ihn, wenn er Sie gefangen hat, lautstark und mit vielen Leckerli. Sie werden sehen, beim Fangenspielen kommt nicht nur Ihr Vogel aus der Puste und wird fit. Auch Sie werden gefordert. Hier nun einige Vorschläge für Sie, die Sie nach Lust und Laune weiter ausbauen können:

- Schlagen Sie Haken
- Laufen Sie aus dem Zimmer
- Legen Sie sich auf den Boden
- Steigen Sie auf einen Stuhl
- Falls Sie eine Treppe haben, die fliegend navigiert werden kann, können Sie diese hoch- oder herunterlaufen
- Springen Sie über Hindernisse

Foto: Sven Friesicke

Schritt 7. Schwierigkeitsgrad erhöhen: Jack fliegt die Treppe hoch hinter mir her.

- Kriechen Sie unter einen Tisch, sodass Ihr Vogel Sie nicht nur fliegend erreichen kann
- Verstecken Sie sich mit zunehmendem Schwierigkeitsgrad
- Rufen Sie ihn im Dunkeln. Papageien haben viel bessere Augen als wir Menschen. Es ist ein wahnsinniges Gefühl, wenn Sie das Geräusch der Flügel hören können, bevor Sie Ihren Vogel sehen, der im Dunkeln zu Ihnen hin fliegt.

Bei allem Spaß möchte ich Sie aber unbedingt darum bitten, auf die Sicherheit Ihres Vogels achtzugeben. Überprüfen Sie, bevor Sie eine Idee in die Tat umsetzen, ob Ihr Tier sich möglicherweise dabei verletzen könnte.

Fangen spielen mit Fußgängern: Zuerst interessiert sich nur die vorwitzige Emma für das neue Spiel …

Fangen spielen mit Fußgängern: … doch schnell bekommt sie Gesellschaft …

Foto: Lena Schenk/Vera Llorente

Fangen spielen mit Fußgängern: ... und bald rennt die ganze Schar begeistert hinter Lena her.

Fangen spielen eignet sich hervorragend, wenn Sie schöne Flugbilder fotografieren möchten ... Flips

... Tristan ...

... Fino, Pepe und Sherry ...

... Scarlett ...

... Lucio ...

... Julia ...

15. Großer Adler

Der „große Adler“ ist das größtmögliche Öffnen und Anheben der Flügel.

Auch die „Großer Adler“-Übung scheint zunächst eine reine Spaßübung zu sein. Doch auch hinter ihr verbergen sich ernsthattere Varianten. Die Übung kann dahingehend ausgebaut werden, dass Vögel mit Unterflügelsyndrom oder anderen Flügelproblemen stressfrei untersucht und behandelt werden können. Informationen zum Unterflügelsyndrom und anderen Erkrankungen finden Sie in meinem Erste-Hilfe Buch.

Trainingsziel

Ihr Papagei hebt auf Kommando seine Flügel.

Trainingsmethode

Shaping

Voraussetzungen

Ihr Vogel sollte kein Trainingsanfänger sein. Allerdings ist der große Adler als Shaping-Übung recht einfach, da er ausschließlich aus Verhaltensweisen besteht, die zum natürlichen Bewegungsrepertoire von Vögeln gehören.

Übungsaufbau

Sie benötigen lediglich einen Ort, an dem Ihr Papagei gerne sitzt, mit viel Platz zum Flügelausstrecken.

Foto: Sigrid Rhodes/Ron Rhodes

Schritt 1. Das Verhalten einfangen: gelingt hervorragend mit der kleinen Snoopy.

Foto: Lena Schenk

Schritt 1. Das Verhalten einfangen: Lucio zeigt mit Leichtigkeit die ersten Ansätze des großen Adlers.

Foto: Lena Schenk

Schritt 2. Das Verhalten ausarbeiten: Schrittweise öffnet Lucio seine Flügel …

Vorgehensweise

Schritt 1. Das Verhalten einfangen

Der erste Schritt ist wie immer bei Shaping-Übungen das Einfangen eines Verhaltens, das Sie zu der erwünschten Übung ausbauen können. In diesem Fall verstärken Sie Ihren Vogel, wenn er seine Flügel ein wenig hochhebt. Dies clicken und belohnen Sie und wiederholen es so oft, bis Ihr Vogel den Ansatz zum Flügelheben regelmäßig anbietet.

Schritt 2. Das Verhalten ausarbeiten

Als Nächstes müssen Sie mit Hilfe der Clickverzögerung das Verhalten immer stärker herausarbeiten, bis Ihr Vogel die Flügel ganz hebt und weit öffnet.

Schritt 3. Den Adler halten

Wenn Ihr Vogel das Optimum an Flügelspreizen erlernt hat, können Sie ihm als Nächstes beibringen, den „großen Adler" auch ein paar Momente zu halten. Auch dies lernt er durch entsprechende Verzögerungen von Click und Belohnung.

Schritt 4. Kommando hinzusetzen

Wenn die Übung perfekt sitzt, können Sie das Kommando, zum Beispiel Großer Adler, hinzusetzen. Natürlich können Sie auch hier mit einem körpersprachlichen Kommando arbeiten, indem Sie Ihre „Flügel" heben.

Flügel untersuchen

Die „Großer Adler"-Übung können Sie zu einem Flügeluntersuchen ausbauen, sodass Ihr Vogel sich von Ihnen die Flügel untersuchen lässt. Die dafür notwendigen Schritte sind Ihnen bereits von den anderen Übungen her bekannt. Untergliedern Sie die Übung in folgende Einzelschritte:

- Annäherung mit der Hand, mit der Sie den Flügel festhalten möchten
- Hochheben und Festhalten des Flügels
- Annäherung der Hand, mit der Sie den Flügel untersuchen wollen
- Berührung des Flügels mit der Untersuchungshand
- Ausbau der Übung zu einer eingehenden Untersuchung des Flügels

Flügel behandeln

Manchmal müssen Sie den Flügel behandeln, zum Beispiel mit einem Spray oder einer Salbe. Dazu gehen Sie zunächst genauso vor wie beim Flügeluntersuchen. Statt der

Schritt 2. Das Verhalten ausarbeiten: ... immer weiter.

Schritt 3. Den Adler halten: Lucio macht das wirklich perfekt!

Annäherung mit der Untersuchungshand üben Sie Annäherung mit dem Spray oder dem Applikator, zum Beispiel einem Wattestäbchen, mit dem Sie die Salbe auftragen.

Flügeluntersuchen: kein Problem für Jack

Flügel untersuchen: Cleo lässt sich völlig entspannt den Flügel untersuchen, während sie sich selbst am Köpfchen krault. Zu schade, dass Thilo nicht mehr Hände hat, gell Cleo?

Flügel behandeln: Lucio schaut zu, während Lena ihm Salbe unter den Flügel tupft

16. Drei-Finger-Griff

Der Drei-Finger-Griff – auch Kappengriff genannt – wird regelmäßig bei tierärztlichen Untersuchungen an Vögeln angewendet.

Dabei wird der Kopf des Vogels rechts und links zwischen Daumen und Mittelfinger fixiert, während der Zeigefinger über dem Kopf des Vogels liegt, damit dieser nicht nach oben wegrutschen kann. Weitere Details zum Drei-Finger-Griff können Sie in meinem Erste-Hilfe-Buch nachlesen.

Der Drei-Finger-Griff funktioniert bei fast allen Vögeln außer den ganz kleinen wie Wellensittichen oder Agaporniden. Es kommt dabei natürlich auch etwas auf die Größe Ihrer Hände an. So ist es mir zum Beispiel unmöglich einen dunkelroten Ara sicher im Kappengriff zu halten, da meine Finger nicht lang genug sind, um seine Wangen rechts und links sicher zu fixieren. In solchen Fällen kann man auch den Flaschenhalsgriff anwenden, bei dem der Hals des Vogels wie bei einer Flasche gehalten wird. Dabei müssen Sie natürlich sehr vorsichtig sein, damit Sie Ihrem Vogel nicht die Luft abdrücken. Ihre Hand muss direkt unter dem Kopf sitzen, sodass Ihr Vogel Sie nicht beißen kann.

Bei extrakleinen Vögeln wie zum Beispiel Wellensittichen oder Agaporniden halten Sie am besten den Kopf des Tieres lediglich zwischen Daumen und Zeigefinger rechts und links fest. Unabhängig davon, welchen Haltegriff Sie bei Ihrem Vogel anwenden, ist es für die meisten Vögel ungewohnt und stressig, so gehalten zu werden. Deshalb ist es schonender für Ihren Vogel, wenn er diesen Griff vor dem Tierarztbesuch bereits kennt und toleriert. Wenn Ihr Vogel diese Übung gut gelernt hat, können Sie sie zusammen mit den anderen gelernten Pflegeübungen kombinieren, um mit Ihrem Vogel eine Gesamtuntersuchung zu simulieren und so den Stress bei einem Tierarztbesuch noch weiter zu reduzieren.

Trainingsziel

Ihr Papagei lässt sich seinen Kopf von Ihnen im Kappen- oder Drei-Finger-Griff halten.

Trainingsmethode

Einfache Verstärkung

Voraussetzungen

Sie sollten mit Ihrem Vogel die Zähmungsübung aus Band I gründlich durchgearbeitet haben.

Übungsaufbau

Ein Sitzort, auf dem Ihr Vogel bequem und stabil sitzt. Am besten ein Tisch oder auch Ihr Schoß.

Vorgehensweise 1

Vögel, die sich gerne Kraulen lassen

Wenn Ihr Vogel sich gerne kraulen lässt, können Sie ihm den Drei-Finger-Griff entspannt beim Kraulen beibringen. Hierbei wird zunächst nicht mit Click und Leckerli gearbeitet. Vielmehr wird das Kraulen immer weiter ausgebaut, bis die Handhaltung Ihrem Vogel vertraut ist. Dann erst üben Sie den Haltegriff ohne die Kraulenvorstufe aber mit Click und Belohnung. Die Anleitung ist für Rechtshänder – Linkshänder führen die Übung seitenverkehrt durch.

Schritt 1. Kraulen

Wenn Sie die „Zähmen"-Übung aus Band I gut geübt haben, können Sie entspannt Ihren Vogel zum Einstimmen kraulen. Falls Sie Rechtshänder sind, fangen Sie mit Ihrer linken Hand an, damit die rechte Hand für die Untersuchung oder Behandlung freibleibt. Sind Sie Linkshänder, fangen Sie mit Ihrer rechten Hand an und führen die Übungsschritte seitenverkehrt durch.

Schritt 2. Zeigefinger über den Scheitel

Krabbeln Sie sich langsam mit Ihrem Zeigefinger vom Nackenkraulen über den Kopf Ihres Vogels vor. Dies machen Sie solange, bis Sie Ihren Zeigefinger über den Scheitel Ihres Vogels legen können. Ihre anderen Finger kraulen im Nacken weiter.

Schritt 1. Kraulen

Schritt 2. Zeigefinger über den Scheitel

Schritt 4. Daumen an den rechten Kiefer

Schritt 5. Mittelfinger an den linken Kiefer. Ist Knuffel nicht ein toller Schüler?

So wie Flip hier halten Sie kleine Vögel sicher.

Auch Lucio lässt sich beim Kraulen …

… problemlos den Drei-Finger-Griff beibringen.

Und so sieht das Ergebnis aus.

Schritt 3. Zeigefinger liegen lassen

Dann verlängern Sie die Zeit, während der Sie den Zeigefinger auf dem Scheitel Ihres Vogels liegen lassen können.

Schritt 4. Daumen an den rechten Kiefer

Als Nächstes krabbeln Sie mit Ihrem Daumen allmählich zum rechten Kiefer Ihres Vogels. Üben Sie dies mehrfach, bis Sie gleichzeitig Ihren Daumen am rechten Kiefer und Ihren Zeigefinger über dem Scheitel Ihres Vogels liegen lassen können. Es kann hierbei helfen, wenn Sie Ihren Vogel gleichzeitig mit Ihrer freien rechten Hand weiterkraulen.

Schritt 5. Mittelfinger am linken Kiefer

Nun krabbeln Sie sich mit ihrem Mittelfinger zum linken Kiefer vor, bis auch er dort liegen bleiben kann. Jetzt sollten Sie Ihren Vogel im Drei-Finger-Griff haben und seinen Kopf damit festhalten und positionieren können.

Schritt 6. Drei-Finger-Griff üben

Während Sie Ihren Vogel kraulen, führen Sie Schritt 2 bis 5 immer wieder und immer zügiger durch, bis Sie Ihre Hand problemlos im Drei-Finger-Griff an Ihren Vogel legen können. Dies machen Sie immer während einer Kraulstunde, sodass Ihr Vogel dabei ganz entspannt ist.

Vorgehensweise 2

Vögel, die sich ungerne Kraulen lassen

Auch wenn Ihr Vogel nicht sehr verschmust ist, können Sie mit ihm den Drei-Finger-Griff üben. Voraussetzung ist auch hier, dass Sie die Zähmungsübung aus Band I gründlich mit ihm durchgearbeitet haben. Ihr Vogel sollte weder vor Ihnen noch vor Ihren Händen Angst haben.

Schritt 1. Der Zeigefinger nähert sich

Im ersten Schritt üben Sie mit Ihrem Vogel die Annäherung Ihres Zeigefingers bis zur Berührung seines Scheitels. Auch wenn der Haltegriff im Endeffekt von hinten über den Kopf des Vogels führt, sollten Sie Ihre Hand auf keinen Fall von hinten an Ihren Vogel annähern. Es erinnert zu sehr an einen Raubvogel, der von hinten und oben zuschlägt. Darauf reagieren viele Papageien verschreckt. Seien Sie also sensibel und

Schritt 1. Der Zeigefinger nähert sich: Skeptisch beäugt Silvana den sich nähernden Zeigefinger.

Schritt 1. Der Zeigefinger nähert sich: Silvana wirkt bereits ein wenig entspannter.

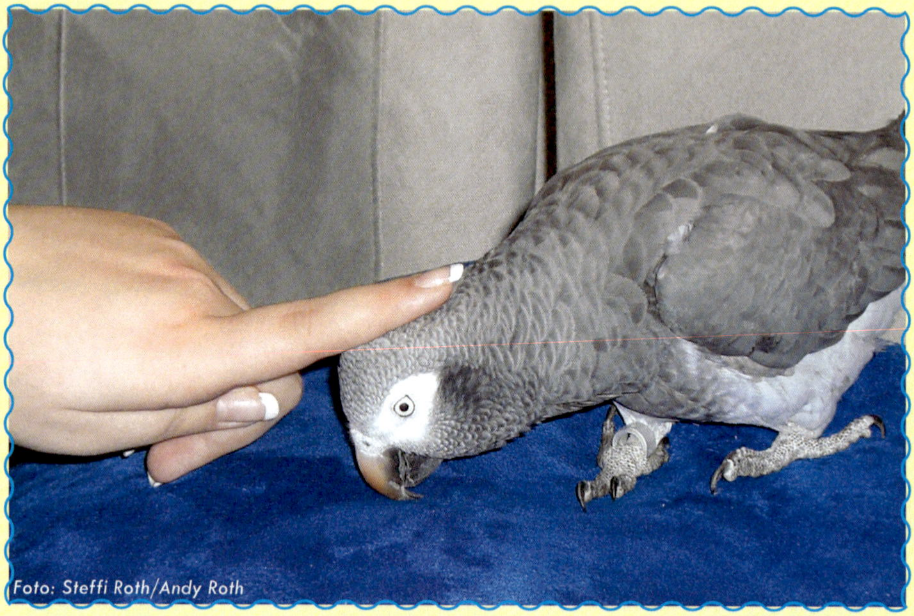

Schritt 1. Der Zeigefinger nähert sich: Silvana erlaubt Steffi, ihr den Finger auf den Scheitel zu legen.

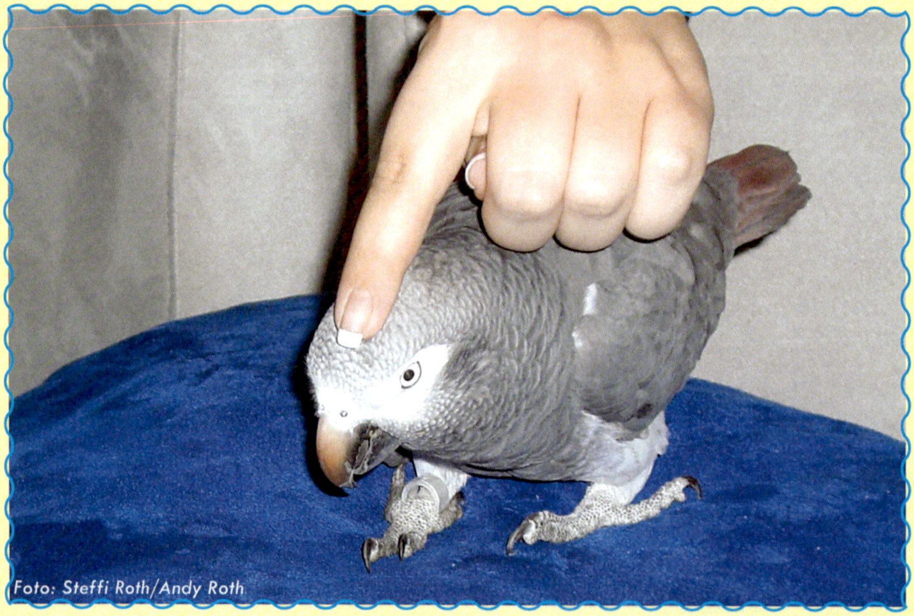

Schritt 2. Die Hand nach hinten drehen: Jetzt dreht Steffi vorsichtig ihre Hand auf Silvanas Kopf nach hinten.

Foto: Steffi Roth/Andy Roth

Schritt 3. Daumen an den rechten Kiefer

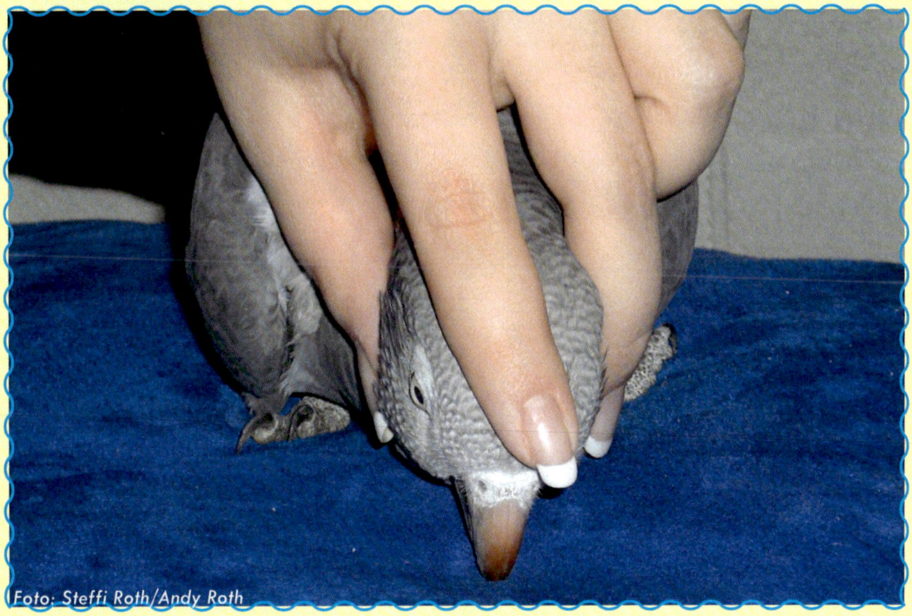

Foto: Steffi Roth/Andy Roth

Schritt 4. Mittelfinger am linken Kiefer: Das macht Silvana wirklich klasse!

Schritt 4. Drei-Finger-Griff: Steffi hält Silvana sicher im Griff und könnte sie nun behandeln.

führen Sie die Annäherung ausschließlich von vorne durch, bis Sie Ihren Zeigefinger auf den Scheitel Ihres Vogels legen können.

Schritt 2. Die Hand nach hinten drehen

Ist Ihr Vogel entspannt, wenn Sie ihm Ihren Zeigefinger auf den Kopf legen, können Sie Ihre Hand vorsichtig nach hinten drehen, um Ihren Zeigefinger über den Scheitel Ihres Vogel zu legen. Ihre Handfläche befindet sich nun am Hinterkopf Ihres Vogels. Diese Drehung führen Sie natürlich wie alle Übungen in vielen kleinen Minischritten mit vielen Clicks und Belohnungen durch.

Schritt 3. Daumen an rechten Kiefer

Wenn Ihr Vogel sich gut an den Finger über seinem Scheitel gewöhnt hat, können Sie damit anfangen, ihn genauso langsam an die Annäherung Ihres Daumens zu gewöhnen. Halten Sie Ihren Daumen bei aufgelegtem Zeigefinger zunächst so weit wie möglich von seinem Kopf weg. Dann bringen Sie ihn allmählich in die Nähe des rechten Unterkiefers Ihres Vogels. Dies bauen Sie weiter aus, bis Sie Ihren Daumen erst kurz und dann immer länger gegen seinen Unterkiefer halten dürfen.

Schritt 4. Mittelfinger an linken Kiefer

Dann führen Sie die Annäherung Ihres Mittelfingers an den linken Kiefer Ihres Vogels durch. Auch hier gehen Sie in winzigen Schritten voran. Erst wenn Ihr Vogel ganz entspannt ist, wenn Sie seinen Kiefer kurz mit Ihrem Mittelfinger berühren, können Sie ihn zunehmend länger dort verweilen lassen.

Schritt 5. Drei-Finger-Griff

Ihr Vogel sollte nun problemlos akzeptieren, wenn Sie Ihren Zeigefinger über seinen Scheitel, den Daumen an den rechten Kiefer und Ihren Mittelfinger an den linken Kiefer legen. Nun gilt es, die zügige Durchführung dieses Griffs zu lernen. Dazu führen Sie Schritt 1 bis 4 immer wieder und immer zügiger durch, bis der Ablauf der einzelnen Schritte fast zeitgleich ist.

17. Das Brunnenspiel

Papageien sollten für ihr Futter arbeiten, damit sie gut beschäftigt sind und sich nicht einfach in die Fettleibigkeit futtern.

Ein super Futterspiel ist das Brunnenspiel. Dabei wird ein Leckerli in einen kleinen Behälter gelegt. Dieser wird an einer Schnur befestigt. Ihr Vogel zieht diesen Behälter wie einen Eimer im Brunnen hoch, um an den darin befindlichen Leckerbissen zu gelangen.
ACHTUNG: Schnüre können Todesfallen für Ihre Vögel sein. Die Tiere können sich verfangen, verletzen oder sogar aufhängen. Deshalb dürfen Sie Ihren Vogel nur unter Aufsicht mit dem Brunnenspiel beschäftigen.

Trainingsziel

Ihr Vogel zieht das Eimerchen an einer Schnur zu sich hoch.

Trainingsmethode

Die Übung ist selbstverstärkend, da wir die Belohnung direkt in das Eimerchen geben.

Voraussetzungen

Es hilft, wenn Ihr Vogel die „Halt mal"-Übung kennt, ist aber nicht unbedingt notwendig.

Übungsaufbau

Ein bequemer Sitzast, an den Sie eine Schnur binden können, sodass sie frei schwingen kann. Ein Eimerchen – für erhöhte Schwierigkeit mit Deckel – oder Leckerbissen, den Sie an die Schnur binden.

Schritt 1. Cäsar lernt das Eimerchen kennen

Schritt 1. Eimerchen kennenlernen

Als Erstes muss Ihr Vogel lernen, dass das Eimerchen für ihn ungefährlich ist und dass darin ein Leckerbissen auf ihn wartet. Dazu führen Sie, falls nötig, zuerst die Annäherungsübung mit dem Eimerchen durch wie in Band I beschrieben. Wenn Ihr Vogel das Eimerchen in seiner Nähe gut toleriert, füllen Sie sein Lieblingsleckerli hinein und lassen ihn naschen.

Schritt 2. Eimerchen am Ast

Als Nächstes befestigen Sie das Eimerchen mit der Schnur ganz kurz gehalten am Sitzast. Ihr Vogel sollte das Eimerchen bequem erreichen und an seinem Inhalt naschen können. Dies wiederholen Sie so oft, dass Ihr Vogel wirklich heiß auf sein Eimerchen ist. Dabei darf er natürlich nicht satt werden. Denken Sie daran, die Übung gegebenenfalls auf mehrere Tage zu verteilen.

Schritt 3. Schnur verlängern

Wenn dies problemlos klappt, verlängern Sie die Schnur ein klein wenig, sodass Ihr Vogel tiefer reichen muss, um an das Eimerchen mit dem Leckerli zu kommen.

Foto: Kerstin Neusel

Noch schaut Fin eher skeptisch ...

… doch schon bald hat er den Reiz des Brunnenspiels entdeckt …

… und zieht die Schnur mit dem Leckerli …

… Schritt für Schritt …

... nach und nach ...

... mit großer Beharrlichkeit ...

Schritt 4. Eimerchen außer Reichweite

So arbeiten Sie sich immer weiter vor, bis das Eimerchen für Ihren Vogel gerade außer Reichweite ist. Vermutlich wird er erst einmal Übersprungsverhalten zeigen: auf der Stelle trippeln, hin und her laufen oder andere Übungen anbieten. Seien Sie geduldig und warten Sie ab. Die meisten Vögel kommen sehr schnell auf die Idee, das Seil mit dem Schnabel hochzuziehen. Falls dies auch nach kurzem Warten nicht klappt (schauen Sie bitte auf die Uhr – viele Trainer sind zu ungeduldig), helfen Sie, indem Sie ihm die Schnur zum Halten hinhalten. Ihr Vogel wird nun herausfinden müssen, wie er an das Eimerchen kommt. Der Trick ist natürlich, die Schnur mit dem Schnabel hochzuziehen, sie mit dem Füßchen festzuhalten und sich aus dem Eimerchen zu bedienen.

Schritt 5. Die Schnur wird immer länger

Nach und nach verlängern Sie die Schnur, damit Ihr Vogel das Eimerchen immer längere Strecken zu sich hochziehen muss. Hierbei sollten Sie wie immer in kleinen Schritten vorgehen. Verlängern Sie die Schnur zu schnell, kann es passieren, dass Ihr Papagei sich frustriert von dem Spiel abwendet – oder dass er einfach die Schnur zum Eimer-

Foto: Kerstin Neusel

... nach oben ...

Foto: Kerstin Neusel

... und genießt die wohlverdiente Beute

chen hinunterklettert. Dies ist zwar auch sehr niedlich und beschäftigt ihn, aber leider nicht die Übung, die wir ihm gerade beibringen möchten.

Schritt 6. Noch schwieriger

Wenn Sie möchten, können Sie den Schwierigkeitsgrad weiter erhöhen, indem Sie einen Deckel auf dem Eimerchen befestigen, den Ihr Vogel abheben muss, bevor er an den Inhalt kommt.

... sperriges Ding ...

Fotos: Thilo Hagen/Ralf Müller

Und so kann es gehen, wenn die Schnur beim Üben anfangs zu lang ist: Cleo klettert einfach zum Eimerchen hinunter, während Cäsar entsetzt zusieht.

18. Schlusswort

Ihre Vögel und Sie können nun viele neue Übungen, die Ihnen Spaß machen und Ihr Leben erleichtern.

Ich hoffe sehr, dass Sie beim Üben so viel Spaß hatten, wie wir beim Erstellen dieses Buches. Bitte lassen Sie es damit nun nicht bewenden. Vielmehr hoffe ich, dass Sie sich nun mit Ihren Vögeln auf das gemeinsame Abenteuer des lebenslänglichen Lernens begeben. Ihre Vögel bleiben dadurch geistig und körperlich fit. Sie sind besser ausgelastet, und viele Probleme werden von vornherein vermieden. So bleibt Ihre Beziehung stark und positiv.

Seien Sie kreativ – erfinden Sie Ihre eigenen Übungen. Falls Sie Hilfe wünschen, haben Sie die Gelegenheit, mich über meine Homepage www.dievogelschule.com zu kontaktieren und einen persönlichen Termin zu vereinbaren oder an einem meiner Kurse teilzunehmen.

Viel Spaß und Erfolg beim Training!

Ihre,

Ann Castro.

Foto: Sigrid Rhodes/Ron Rhodes

Beim Clickertraining ist jeder Vogel der Sieger, wie hier Sigrids Tweety.

Anhang

Unsere Stars

In diesem Buch sind größtenteils Tiere unserer Vogelschule-Mitglieder abgebildet. Es sind ganz normale Papageien von ganz normalen Haltern. Sie alle haben in wenigen Tagen – teils sogar mit nur geringen Clicker-Vorkenntnissen – die Übungen in diesem Buch erlernt. Wir hoffen, dass dies für alle Leser ein Ansporn und der Beweis dafür ist, dass wirklich jeder Vogel diese Übungen lernen kann.

Heidi (w) und Otto (m)

Halter:	Jens Bitterlich
Art:	Gelbscheitelamazonen
Schlupf:	Heidi: April 2007
	Otto: Mai 2007
Clickertraining:	seit März 2008

Heidi und Otto sind bei Jens zu Hause. Jens ist für Heidi der erste Besitzer. Sie zog im August 2007 bei ihm ein. Otto lebte zunächst fünf Monate bei einer Familie mit zwei Kindern, die ihm leider die Flugfedern abschnitten, sodass er nicht mehr fliegen konnte. Seit Ottos Einzug bei Jens im Februar 2008, sind seine Federn glücklicherweise wieder nachgewachsen, und er ist zu einem guten Flieger geworden. Leider bekam Otto bei seinen vorherigen Haltern auch Erdnüsse in der Schale – vermutlich die Ursache für seine Erkrankung an Aspergillose, die bei der tierärztlichen Grunduntersuchung entdeckt wurde und jetzt behandelt wird. Heidi und Otto bewohnen ein eigens für sie eingerichtetes Vogelzimmer. Sie lieben einander und Jens sowie ihre täglichen ausgiebigen Freiflüge in der Wohnung, bei denen sie Jens beistehen und ihn auch gerne „tatkräftig“ unterstützen: So setzen sie sich beim Duschen auf die Stange vom Duschvorhang und atmen den Wasserdampf ein. Sie helfen Jens auch die Wäsche vom Wäscheständer zu räumen. Am Wochenende helfen sie ihm, nicht den ganzen Tag zu verschlafen und lieben es, durch das Bettzeug zu laufen.

Scarlett (w) und Jack (m),

Halter:	Ann Castro
Art:	Dunkelrote Aras
Schlupf:	Jack: 2001, Scarlett: 2003
Clickertraining:	Jack seit 2002, Scarlett seit 2004

Jack wurde im März 2002 von Ann adoptiert. Wegen seines fehlenden Schnabels, das Resultat misslungener Schlupfhilfe seiner Eltern, wollte ihn niemand haben.

Eigentlich hatte Ann einen Gelbbrust Ara als Partner für Nikita gesucht, aber so wurde es Jack. Nachdem Nikita leider im November 2003 starb, wurde dringend eine neue Partnerin für Jack gesucht und in Scarlett gefunden. Sie hatte bislang mit ihren Eltern und Geschwistern in einer Außenvoliere gelebt und zog im Winter 2004 bei Ann ein. Scarlett lebte sich sehr schnell ein und kam bereits nach einer Woche auf die Hand geflogen.

Beide Aras sind sehr verschmust, doch sie können auch richtige Rabauken sein. Jack wurde nach Giacomo Casanova benannt, weil er jeden um seine Krällchen wickelt. Scarlett steht ihm diesbezüglich in nichts nach und wurde nach Scarlett O'Hara benannt. Scarlett liebt das Brunnenspiel. Gemeinsam mit Jack duscht sie gerne in der Küchenspüle.

Jack liebt Kampfspiele mit Kissen und Decken sowie „Achterbahn" fahren. Außerdem apportiert er alles, was er finden kann. Auch beim Wäschefalten ist er sehr hilfsbereit und zieht für Ann einzelne Wäschestücke aus dem Korb und bringt sie ihr. Scarlett liebt es zu singen. Ihr Repertoire umfasst alles – von Opern über Jazz bis Pop. Dazu tanzt sie im Takt. Mit Begeisterung rennen beide in ihre Transportbox zum Inhalieren. Auch dort wird laut gesungen und kommentiert. Beide bilden ein unzertrennliches Team und leben im Schwarm mit sechzehn anderen Papageien in Anns großem Tropenhaus. Jack und Scarlett sind begeisterte Clickerschüler und fingen sofort nach Ihrem Einzug mit dem Training an.

Cleo (w) und Cäsar (m)

Halter: Thilo Hagen und Ralf Müller
Art: Hahns Zwergara/Rotrückenara
Schlupf: beide Juni 2007
Clickertraining: seit Mitte 2008

Als Hahns Zwergara und Rotrückenara kein artgleiches Paar, verstehen sich Cleo und Cäsar dennoch bestens – auch wenn sie in nächster Zukunft artgleiche Partner bekommen sollen. Beide kamen Ende 2007 zu Ralf und Thilo.

Während Cleo immer die Nähe zu ihren Haltern sucht, schreckt Cäsar besonders vor Händen noch etwas zurück. Beide sind sehr verschmust, begeisterte Plapperer und blühen richtig auf, wenn der Staubsauger läuft. Richtig aus dem Häuschen geraten sie beim Baden in einer zu einer Wanne umfunktionierten Katzentoilette. Dann planschen und rollen beide durch das Wasser und finden kaum ein Ende. Cleo und Cäsar sind begeisterte Clickerschüler: Kaum ist der Targetstick ausgepackt, stehen sie parat. Das Training hat Cäsar auch schon etwas die Scheu vor Händen genommen.

Julia (w) und Romeo (m)

Halter: Thilo Hagen und Ralf Müller
Art: Rosenköpfchen
Schlupf: beide März 2004
Clickertraining: seit Mitte 2008

Romeo und Julia fanden über den Zoohandel zu Ralf und Thilo. Wie es sich für Unzertrennliche gehört, sind beide immer an derselben Stelle anzutreffen – mal schmusend und gegenseitig kraulend, mal streitend wie ein altes Ehepaar. Auch wenn Ralf und Thilo mit dem Clickertraining bei Julia und Romeo gerade erst angefangen haben, so haben sie doch zumindest erreicht, dass die beiden bei Beginn des Trainings neugierig werden. Mittlerweile sind die beiden scheuen Vögel auch schon auf Annäherungen aus.

Bienie (w) und Carlchen (m), Jule (w) und Krümel (m)

Halter:	Kirsten und Jürgen Helfer
Art:	Blaugenick-Sperlingspapageien
Schlupf:	Bienie: 2003, Carlchen: 2006 Jule und Krümel: September 2008
Clickertraining:	alle vier seit November 2008

Bienie und ihr erster Mann, Piebi, wurden im November 2006 von Kirsten und Jürgen adoptiert. Leider war Piebi sehr krank und verstarb nach nur acht Monaten trotz hingebungsvoller Pflege und tierärztlicher Versorgung. Glücklicherweise wurde schnell ein neuer Mann, Carlchen, für die trauernde Bienie gefunden. Er zog im August 2007 ein. Bienie ist eher die dominante Zicke, während Carlchen der treusorgende Ehemann ist. Während Bienie im August 2008 ihre ersten gemeinsamen Jungen ausbrütete, versorgte Carlchen sie vorbildlich. Ihre beiden Küken, Jule und Krümel, wurden von beiden Eltern bestens aufgezogen. Es scheint als ob die beiden Eltern durch das gemeinsame Großziehen ihrer Sprösslinge noch enger miteinander verbunden sind als vorher. Auch die beiden Geschwister bilden eine enge Einheit. Die Neugier haben sie von Ihren Eltern geerbt. Alles muss untersucht werden. Tagsüber lebt die Vierergruppe gemeinsam frei im Wohnzimmer. Dies ist ein Paradies für abenteuerlustige Papageien mit großem Kletterbaum, Spielzeug und jeder Menge Knabbermöglichkeiten. Abends, bei Einbruch der Dunkelheit fliegen alle gemeinsam in ihren großen Schlafkäfig, in dem sie die Nacht verbringen. Das Clickertraining begannen Kirsten und Jürgen mit den Vieren, um erfolgreich die Harmonie im Team zu fördern.

Luna (w) und Artemis (m)

Halter: Silke Klingenberg
Art: Nymphensittiche
Schlupf: beide 2005
Clickertraining: beide seit August 2006

Anfang 2006 haben die beiden Nymphensittiche Artemis und Luna bei Silke eine großzügige Unterkunft gefunden. Artemis beweist außerordentliche Gesangsqualitäten – am liebsten trällert er, wenn der Staubsauger läuft. Er ist frech und total neugierig allem Neuen gegenüber. Besonders die Kamera liebt er und setzt sich sofort in Szene, wenn er sie sieht. Luna hingegen ist etwas zurückhaltender. Sie badet furchtbar gerne und ist eine Langschläferin. Mit dem Clickertraining hat sie ihre Scheu verloren und kommt nun ohne Zögern zu ihrer Halterin.

Flip (m) und Rocky (m)

Halter: Silke Klingenberg
Art: Wellensittiche
Schlupfdatum: Flip: unbekannt, Rocky: 2004
Clickertraining: beide seit August 2007

Flip und Rocky bilden ein Quartett mit den Hennen Fiona und Maja. Während Flip im August 2007 als Abgabevogel aus Einzelhaltung in die Gruppe kam, zog Rocky direkt vom Züchter im Oktober 2004 bei Silke ein. Flip ist sehr neugierig. Er zwitschert und plappert den ganzen Tag vor sich hin. Seine besondere Vorliebe gilt allem Knisterndenm und Klingelndem – seine Augen strahlen, wenn man mit einer Plastiktüte vor seinen Augen raschelt. Flip ist ein kleiner Sonnenschein: Immer gut gelaunt, tobt er gerne mit seinen Wellikumpels rum. Rocky ist der Tollpatsch der Welli-WG und bringt seine Halterin oft zum Lachen. Gerne schläft er in witzigen Positionen, zum Beispiel im Liegen. Ansonsten ist Rocky eher ruhig und ein bisschen ängstlich. Am liebsten lässt er sich stundenlang von seiner Freundin Maja kraulen. Aber sobald Silke mit dem Clickern beginnt, leuchten seine Augen und er ist voll dabei.

Purzel (w) und Knuffel (w)

Halter:	Heike Möller
Art:	Grünzügelpapageien
Schlupf:	2004 und 2005
Clickertraining:	beide seit Mitte 2008

Purzel zog 2005 bei Heike ein. Ihren Namen erhielt sie wegen ihrer Vorliebe, sich um ihre eigene Achse zu drehen. Ihr Partner Knuffel kam von einem Züchter, der ihn als „ganz sicher ein Hahn“ identifizierte. Doch der vogelkundige Tierarzt entlarvte Knuffel als „Mogelpackung“. Mittlerweile war die liebenswerte Henne ihren Haltern so sehr ans Herz gewachsen, dass sie sie jedoch auf keinen Fall wieder abgeben wollten. Zum perfekten Glück gehören jetzt also nur noch zwei Hähne – diesmal aber richtige. Purzel und Knuffel sind begeisterte Freiflieger, die die Voliere nur zum Spielen, Fressen und Schlafen benutzen. Purzel ist sehr neugierig und furchtlos, während Knuffel eher die Ruhigere ist. Sie liebt es, alles von ihrem gemütlichen Platz auf Heikes Schulter zu beobachten. Was das Fressen anbelangt, sind beide Feinschmecker. Neben Walnüssen aus dem eigenen Garten fressen sie alles, was Bioobst ist. Bei dem Gemüse sind sie wählerischer. Ihr Favorit ist Mais. Das Oberleckerli für beide sind Pinienkerne. Insbesondere Purzel ist eine begeisterte Clickerschülerin, die schnell lernt.

Cookie (w) und Nic (m)

Halter: Kerstin Neusel
Art: Nymphensittiche
Schlupf: 2001
Clickertraining: seit September 2008

Nic kam im Alter von vier Jahren zu Kerstin und Alex. Damals hatte er bereits fünf Vorbesitzer, die ihn leider alle einzeln gehalten hatten. Dadurch war er extrem auf den Menschen fixiert und zum Dauerschreier geworden. Dies kostete ihn mehrfach sein Zuhause, wobei das Problem so einfach zu lösen gewesen wäre. Bei Kerstin und Alex lebt er in einem Vogelzimmer mit neun anderen Nymphensittichen zusammen und schreit auch nicht mehr. Anfangs hatte er extreme Angst vor anderen Vögeln. Es dauerte fast eineinhalb Jahre, bis er sich völlig in den Schwarm integriert hatte. Heute ist er mit seiner Henne Cookie glücklich verpaart und ist im Sommer 2007 sogar stolzer und vorbildlicher Vater von zwei hübschen Nymphensittichen geworden.

Fin (m)

Halter: Kerstin Neusel
Art: Nymphensittich
Schlupf: 2007
Clickertraining: seit September 2008

Der süße Fin ist Cookies und Nics Sohn. Er ist ein richtiger Sonnenschein und sehr verschmust. Fin ist aber auch sehr neugierig und ständig mit Singen, Spielen und der Suche nach neuen Herausforderungen beschäftigt. Das Clickertraining hilft Kerstin, diesen vorwitzigen Burschen, der ständig auf Trab ist, und auch den Rest der Truppe zu unterhalten.

Snoopy (w) und Tweety (m)

Halter:	Sigrid und Ron Rhodes
Art:	Wellensittiche
Schlupf:	unbekannt
Clickertraining:	Snoopy seit April 2007 und Tweety seit Oktober 2007

Bei Sigrid und Ron haben die in der freien Natur Kanadas aufgefundenen Wellensittiche Snoopy und Tweety ein neues Zuhause gefunden.

Die blaue Henne Snoopy war im April 2005 mit einem Schwarm Spatzen unterwegs, wurde eingefangen und in einem kleinen runden Käfig gehalten. Die neuen Besitzer waren wenig später enttäuscht von dem stummen Vogel, der nur reglos im Käfig saß, und wollten ihn wieder frei lassen. Nach langem Bitten haben sie ihn Sigrid im September 2005 überlassen. Snoopy hatte anfangs ständig mit Panikattacken zu kämpfen, die aber mit den ersten Erfolgen beim Clickertraining seltener wurden und sich schließlich ganz einstellten.

Der grüne Tweety wurde ebenfalls in freier Natur aufgefunden und zunächst in einem Tierheim abgegeben, bevor er im Oktober 2007 bei Sigrid und Ron einzog. Seither ist auch er ein begeisterter Clickerschüler. Tweety ist völlig verliebt in Snoopy und führt mit ihr ein glückliches, verschmustes Leben. Außerdem singt er wie ein Kanarienvogel – keiner weiß warum. Gemeinsam lieben sie es, zusammen durchs Haus zu fliegen oder von einer Seite der Gardinenstange zur anderen zu rennen – und dann gleich wieder zurück. Lange haben beide nur Körner gefressen. Jetzt fressen sie auch Gemüse, am liebsten Mais oder Salat. Durch das Clickertraining haben beide ihre Angst vor den Menschen verloren und lieben es, wenn ihr Frühstück auf dem Esstisch serviert wird, wo sie mit den Federlosen zusammen essen dürfen.

Silvana (w) und Igor (m)

Halter:	Steffi und Andy Roth
Art:	Timneh-Graupapageien
Schlupf:	beide vor ca. 25 Jahren (Wildfänge)
Clickertraining:	Igor seit September 2007, Silvana seit Oktober 2008

Von Silvanas und Igors Vorgeschichte ist nicht viel bekannt. Beide kamen vor ungefähr fünfundzwanzig Jahren nach Deutschland. Igor wurde auf einem Volksfest von den Vorbesitzern gefunden. Vermutlich sind beide Wildfänge. Igor imitiert noch immer Urwaldgeräusche, sodass man meint, es wäre eine ganze Affenbande im Wohnzimmer. Beide Tiere fristeten fünfundzwanzig lange Jahre ein trauriges Dasein in Einzelhaltung. Doch seit sie bei Steffi und Andy leben (Igor seit August 2007; Silvana seit Oktober 2008), ist alles anders und viel besser. Als Dankeschön hat Igor mit dem Rupfen aufgehört und seit dem Einzug in die große Zimmervoliere sogar das Fliegen erlernt. Er plappert, pfeift, lacht wie eine Hexe und liebt es, sich zu verstecken. Während Steffis Schwangerschaft setzte er sich oft auf ihren Bauch, klopfte mit seinem Schnabel dagegen und wunderte sich, dass auch schon mal ein Tritt zurückkam.

Silvana und Igor sind beide begeisterte Clickerschüler. Silvana konnte damit sogar ihre enorme Angst vor Stöcken genommen werden. Sie ist die Verschmuste in der Familie, kann aber auch eine richtige Zicke sein. Manchmal scheint es zwar, dass Igor der Chef ist, aber in Wirklichkeit hat Silvana das Sagen. Sie bellt wie ein Dackel und ist verrückt nach rotem Palmöl. Silvana ist manchmal furchtbar tollpatschig, hat aber ein sehr großes Talent, Schlösser zu öffnen. Silvana liebt Krachmacher, insbesondere Glöckchen, über alles.

Luke (m) und Max (m)

Halter:	Christina Rütze und Martin Geörg
Art:	Mohrenkopfpapageien
Schlupf:	Mai 2006
Clickertraining:	seit August 2006

Max und Luke zogen im August 2006 bei Christina und Martin ein. Die beiden Brüder sollten eigentlich ein gegengeschlechtliches Pärchen sein. Nun sind sie auf Weibersuche. Zwischenzeitlich vertreiben sie sich die Zeit mit allerlei Schabernack.

Beide sind äußerst neugierig und müssen alles anknabbern und auf Essbarkeit überprüfen. Dabei ist Luke der etwas Forschere und Neugierigere von beiden. Aber nachdem er Max erst mal gezeigt hat wie es geht, ist auch dieser nicht mehr zu bremsen. Beide lieben es, Dinge zu zernagen und zu bearbeiten. So werden stundenlang kleine Perlen von Schnüren gezuzelt oder Holz- und Korkteile benagt. Auch die geliebten Kabelbinder dürfen nicht fehlen und werden bis zum letzten vernichtet, wobei das Endstück gerne mal als Kaugummi verwendet wird.

Luke ist der Geselligere von beiden und hält sich meist in Menschennähe auf. Er fordert Christina zum Spielen auf, wohingegen Max auch mal für mehrere Stunden – allein – im Badezimmer verschwinden kann. Dort liebt er es vor allem, die dunkleren Bereiche zu erkunden – natürlich ganz vorsichtig. So sind zum Beispiel der Trockner oder der Schrank beliebte Aufenthaltsorte geworden. Am Abend wird aber auch er verschmust und fordert seine Streicheleinheiten bei Christina ein. Dabei legt er sich auch gerne mal auf den Rücken und lässt sich den Bauch kraulen. Luke verteilt dagegen lieber Küsschen und putzt liebevoll Christinas lange Haare.

Für Sonnenblumenkerne, Palmöl und getrockneten Schlehdorn würden die beiden fast alles tun, sodass das Leckerli-Finden für das Clickertraining kein Problem war. Mit beiden wurde von Anfang an trainiert. So sind Max und Luke zu begeisterten Clickerschülern geworden. Sie fordern Martin und Christina dabei immer wieder aufs Neue, sodass alle was lernen können. Dadurch haben sie inzwischen auch gelernt, aus einer Spritze zu trinken oder Globuli zu nehmen. Zum Glück wurden diese Fähigkeiten aber noch nie im Ernstfall gebraucht.

Sherry (w), Pepe (w) und Fino (m)

Halter: Lena Schenk
Art: Hahns Zwergaras
Schlupf: alle drei Juli 2005
Clickertraining: seit Februar 2006

Sherry, Pepe und Fino sind unzertrennlich und müssen immer alles zusammen machen. Ein Vierter wird gesucht, aber es wird befürchtet, dass er es mit den Dreien erst einmal schwer haben wird. Sherry ist eine kleine Quasselstrippe, die es liebt, Lena die Haare zu putzen. Ganz zärtlich. Man muss sie einfach lieben. Fino, der Wilde, muss andauernd Blödsinn anstellen, schaut dann aber mit seinen süßen Froschaugen so herzzerreißend, dass man ihm keine Sekunde böse sein kann. Pepe liebt es, sich im Anflug in die Badeschüssel zu stürzen und alles unter Wasser zu setzen. Außerdem setzt sie sich gerne auf die Schulter und kuschelt sich an den Hals. Wenn man nicht aufpasst, hat sie blitzschnell ein Loch ins T-Shirt gebissen.

Luna (w) und Lucio (m)

Halter: Lena Schenk
Art: Blaustirnamazonen
Schlupfdatum: vor mindestens 30 Jahren
Clickertraining: seit Anfang 2007

Luna und Lucio zogen beide Anfang 2007 nach Wildfang und jahrelanger Einzelhaltung bei Lena ein. Luna durfte vorher nie aus ihrem kleinen Rundkäfig und litt an Hospitalismus. Auch hatte sie vor allem Angst. Mittlerweile ist aus ihr eine normale Amazonenhenne geworden, die das Leben genießt und ihre täglichen Krauleinheiten mit Nachdruck einfordert. Luna zerlegt gerne Holz aller Art und würde für Cashewnüsse alles tun. Lucio ist glücklich und zufrieden, wenn er dabei sein darf. Er setzt sich immer neben Lenas Kopfkissen und schläft ein Ründchen mit. Anschließend putzt er ihre Wimpern. Lucio kam als Beißer und Schreier zu Lena, wurde aber dank des Clickertrainings zum liebsten Vogel der Welt.

Theo (w) und Tristan (m)

Halter:	Christine Schlick
Art:	Wellensittiche
Schlupf:	Theo: Februar 2007
	Tristan: März 2007
Clickertraining:	seit November 2007

Seit Theo und Tristan im Frühjahr 2007 bei Christine eingezogen sind, spielen sie eine sehr große Rolle in ihrem Leben. Theo ist die Dominante und Freche, während Tristan ein eher schüchterner und ruhiger Vogel ist. Theo hält sich ständig bei Christine auf, ob beim Fernsehen, beim Kochen, beim Schminken oder Baden. Und weil Tristan immer nahe bei Theo sein will, ist er ebenfalls immer dabei. Theo gibt mit Vorliebe Küsschen und „wirft" Christine immer wieder Küsschen zu. Selbst wenn Christine schimpft, folgen die Kussgeräusche. Tristan macht zwar auch das Kussgeräusch nach, will jedoch nicht geknutscht werden. Er kann zudem Christines Wecker täuschend echt nachahmen. Beide Vögel sind gute Clickerschüler. Tristan beherrscht besonders gut das „Auf deinen Platz". Theo hört auf ihren Namen, wenn Christine sie ruft.

Whitchel (w) und Flips (m)

Halter:	Daniela Stöcker und Andreas Hennenlotter
Art:	Timneh-Graupapageien
Schlupf:	beide Mai 2007
Clickertraining:	seit Oktober 2007

Whitchel und Flips leben seit Oktober 2007 bei Daniela und Andreas. Beide verputzen am liebsten Obst und Gemüse – vor allem, wenn es in lustigen Gummibällen an der Decke baumelt. Vom Duschen kann Whitchel gar nicht genug bekommen, sie liebt es, patschnass zu sein. Flips hingegen steht dem nassen Element eher skeptisch gegenüber und ist nur ab und zu zu einer Katzenwäsche im Wassernapf bereit. Beide lieben es, an Kork zu knabbern, Plüschtiere – egal welcher Größe – hassen und meiden sie.

Online-Kurse mit Ann Castro

Vertrauensvolle Beziehungen. Stressfreies Zusammenleben.

WAS IST BEZIEHUNG & TRAINING?

Beziehung & Training ist ein Video-Kurs mit wöchentlichen online Gruppenstunden mit Ann Castro. Das Kursmaterial wird darin individuell für jeden Teilnehmer angepasst. Dies führt zum schnelleren und leichteren Lernerfolg für dich und deine Vögel - auch wenn ihr derzeit Probleme miteinander habt oder sie nicht zahm sind.

Beziehung & Training ist für dich geeignet wenn du:

- das Vertrauen deiner Vögel gewinnen und einen entspannteren Alltag möchtest
- keine Angst mehr vor Bissen oder Angriffen haben möchtest
- deine Vögel problemlos zum Tierarzt bringen und medizinisch versorgen möchtest
- deine Vögel beschäftigen und mehr Spaß mit ihnen haben möchtest

Beziehung & Training gibt es in vier Optionen. Anmeldung und Informationen:

www.dievogelschule.com/kurs

Lust auf mehr? Aus der Vogelschule-Serie:

Clickertraining für Papageien, Sittiche und andere Vögel (Band I)

Das Clickertrainingbuch für Einsteiger erklärt, wie Clickertraining funktioniert. Es führt Sie Schritt für Schritt durch alle Anfängerübungen und zeigt Ihnen, wie Sie Ihren Vögeln nützliche und unterhaltsame Verhaltensweisen beibringen können. Das Training wird Ihnen und Ihren Vögeln garantiert Spaß machen und Ihre Beziehung festigen.
Taschenbuch, ISBN-13: 978-3939770787

Beißen & Aggressionen. Probleme lösen mit Clickertraining (Band III)

Papageienexpertin Ann Castro erläutert Ihnen in diesem Verhaltenstherapiebuch für beißende oder aggressive Papageien und Sittiche, wie Sie mithilfe des Clickertrainings Ihren Papagei oder Sittich bei sich zu Hause selbst therapieren können.
Taschenbuch, ISBN-13: 978-3939770442

Schreien & Kreischen. Probleme lösen mit Clickertraining (Band IV)

Papageienexpertin Ann Castro erläutert Ihnen in diesem Verhaltenstherapiebuch für schreiende oder kreischende Papageien und Sittiche, wie Sie mithilfe des Clickertrainings Ihren Papagei oder Sittich bei sich zu Hause selbst therapieren können.
Taschenbuch, ISBN-13: 978-3939770480

Erste Hilfe für Papageien, Sittiche und andere Vögel

Das Erste-Hilfe-Buch für Vogelhalter bereitet Sie auf den Notfall vor. Im Detail beschreibt es die Erstellung einer homöopathischen und einer schulmedizinischen Notfallapotheke, Vorbereitung eines Behandlungsraumes und Erste-Hilfe-Maßnahmen. Das Buch beinhaltet Detailinformationen zu etlichen Verletzungen und Erkrankungen und deren Erstbehandlung.
Taschenbuch, ISBN-13: 978-3939770022

Gesundheitspass für Papageien, Sittiche und andere Vögel

Der Gesundheitspass erlaubt Ihnen, alle wichtigen gesundheitlichen Informationen zu Ihren Vögeln auf einen Griff zur Hand zu haben. Es werden alle erforderlichen Untersuchungen detailliert aufgeführt sowie Erkrankungen und Unfälle. Abgerundet wird der Gesundheitspass mit einer fünfjährigen wöchentlichen Gewichtstabelle.

Taschenbuch, ISBN-13: 978-3939770046

Aus der Geschichten-aus-der-Vogelschule Serie

Die bekannte Papageienexpertin und -buchautorin Ann Castro erzählt auf amüsante Weise aus den Anfangsjahren ihres Lebens mit Papageien. Eindrucksvoll schildert sie den Einsatz für jedes einzelne Papageienleben. Sie beschreibt, wie diese intelligenten Tiere dies mit tiefer Zuneigung honorieren. Ob Buchhalter, Mauerblümchen oder Klassenclown – wir lernen Papageien in diesem Buch nicht nur als Tiere, sondern als eigenständige Persönlichkeiten kennen, die eine interaktive Beziehung mit ihrem Menschen aufbauen.

Papageiengeflüster. (Band I)

Geschichten aus der Vogelschule

Taschenbuch, ISBN-13: 978-3939770282

Costa Rica. Heimat der Papageien. (Band Ia)

Die Vogelschule auf Reisen

Taschenbuch, ISBN-13: 978-3939770404

Die Papageienflüsterin. (Band II)

Mehr Geschichten aus der Vogelschule

Taschenbuch, ISBN-13: 978-3939770329

Das Papageienparadies. (Band III)

Neue Geschichten aus der Vogelschule

Taschenbuch, ISBN-13: 978-3939770367

Unter dem Namen Anna G. Shiney

Clickertraining für Ihre Wünsche:

Behandeln Sie das Universum wie einen Hund!

Verwenden Sie die Prinzipien des Clickertrainings, um erfolgreich Ihre Wünsche zu manifestieren.

ISBN-13: 978-3939770756

Meine Publikationen gibt es größtenteils auch als kostengünstige Ebook-Ausgaben (Kindle, epub und PDF).